U0160252

"可可爱爱"的石塑黏土

手作教程

爱林博悦　主编

小鳄鱼cayman酱　编著

人民邮电出版社

北　京

图书在版编目（CIP）数据

"可可爱爱"的石塑黏土手作教程 / 爱林博悦主编；小鳄鱼cayman酱编著. -- 北京：人民邮电出版社，2024.8
ISBN 978-7-115-64113-7

Ⅰ．①可… Ⅱ．①爱… ②小… Ⅲ．①粘土－手工艺品－制作－教材 Ⅳ．①TS973.5

中国国家版本馆CIP数据核字（2024）第077964号

内 容 提 要

石塑黏土是一种柔软、易塑形的材料，不仅适合用于儿童手工教学，也适合成人进行艺术创作。石塑黏土可以用来制作各种物品，比如冰箱贴、钥匙扣、胸针、置物架、收纳盒、造型可爱的摆件、好玩又好看的机关玩具等。

本书系统讲解石塑黏土的手工制作技巧，全书共5章。第1章介绍制作石塑黏土需要的工具和材料；第2章以制作石塑黏土的流程为顺序，介绍各环节涉及的基本制作技法和注意事项；第3章详细讲解13款石塑黏土入门级案例的制作过程，案例以片、条、球为基础形，简单易上手；第4章讲解10款进阶级的石塑黏土案例制作过程，带领读者做出更实用的生活用品，如标签夹、手机支架、收纳盒等；第5章带领读者制作4款更具创意性的作品，适合作为礼品赠送朋友。

本书教学系统，讲解细致，适合石塑黏土初学者阅读和学习。

◆ 主　编　爱林博悦

编　著　小鳄鱼 cayman 酱

责任编辑　宋　倩

责任印制　周昇亮

◆ 人民邮电出版社出版发行　北京市丰台区成寿寺路 11 号

邮编　100164　电子邮件　315@ptpress.com.cn

网址　https://www.ptpress.com.cn

北京九天鸿程印刷有限责任公司印刷

◆ 开本：690×970　1/16

印张：9　　　　　　　　2024 年 8 月第 1 版

字数：230 千字　　　　　2024 年 8 月北京第 1 次印刷

定价：69.80 元

读者服务热线：**(010)81055296**　印装质量热线：**(010)81055316**
反盗版热线：**(010)81055315**
广告经营许可证：京东市监广登字 20170147 号

目录 Contents

第1章

工具与材料

第2章

石塑黏土的基本制作技巧

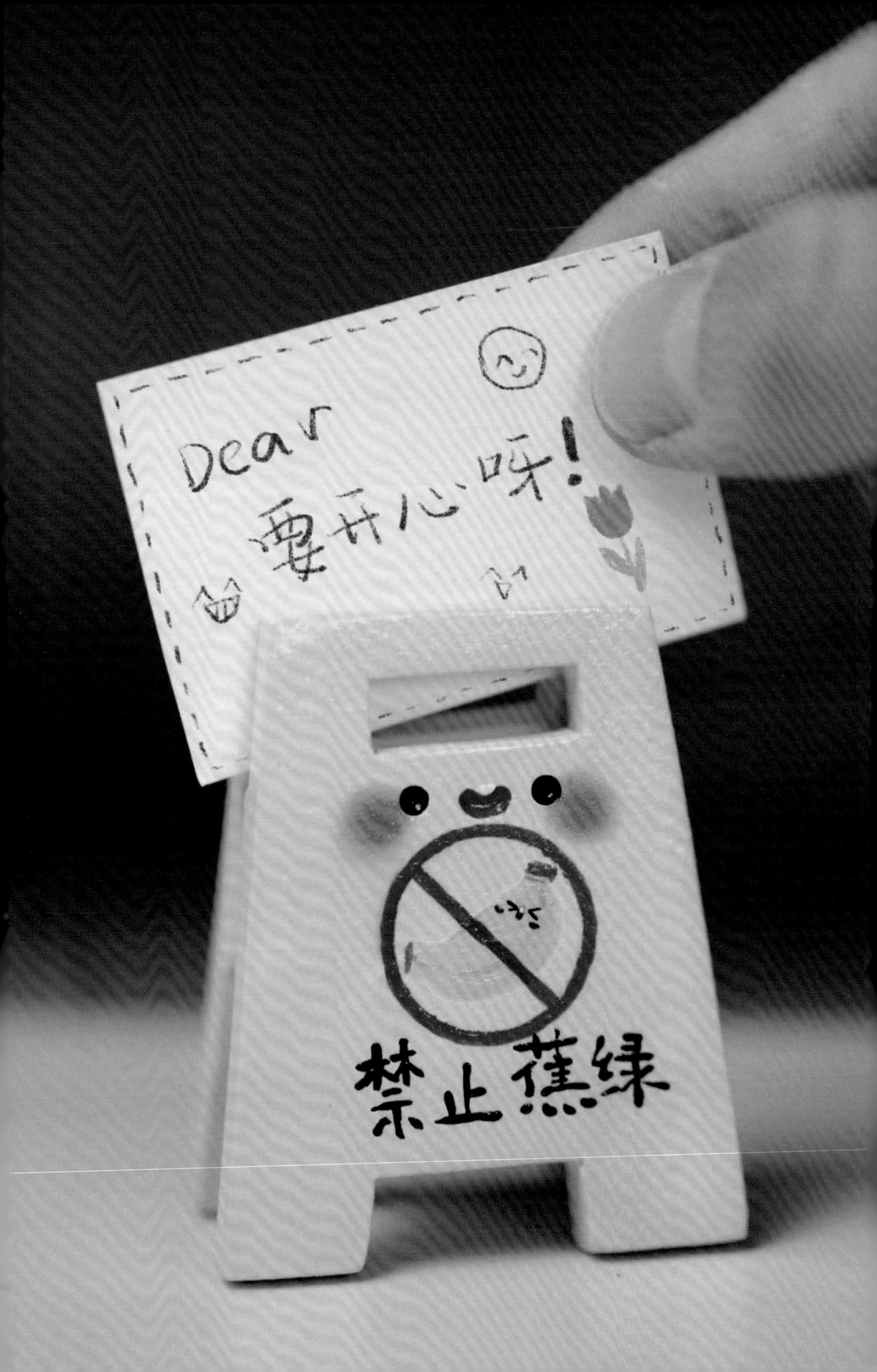
Dear
要开心呀!
禁止蕉绿

第1章

工具与材料

Chapter One

关于石塑黏土

石塑黏土与陶泥类似，具有良好的可塑性，创作难度低，易上色，但石塑黏土可以自然风干，不像陶泥需要烤制，所以常用来制作各种不需烤制的手工作品。

本书案例使用的石塑黏土为帕蒂格石塑黏土，该品牌的黏土有3种款式，分别是粉色包装款、红色包装款和蓝色包装款，推荐大家使用蓝色包装款。

造型工具和材料

与其他黏土手工相比，石塑黏土所需的工具和材料较少，在造型阶段大多是通过手捏塑形，常用的材料是铜丝（或铁丝）和磁铁。

基础的造型工具

按照主要用途，可将本书用到的工具分为以下几类。

● 制作黏土片的工具

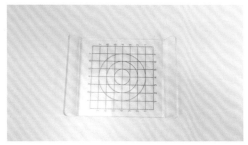

擀泥杖
擀泥杖用来均匀地擀开黏土，制作较大的黏土片。

压板
压板常用来压扁黏土球，制作小型的圆形黏土片。

● 剪切黏土的工具

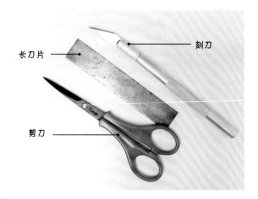

长刀片
刻刀
剪刀

剪刀和刻刀
剪刀和刻刀都用于修剪多余的黏土，区别在于刻刀用于修整表面凹凸不平的黏土，剪刀用于修剪边缘处多余的黏土。

长刀片
长刀片常用来切割黏土片，可将黏土切成长条或切出弧形边缘。

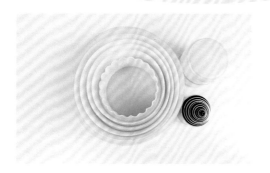

切圆工具

切圆工具用于从黏土片上切割出圆形黏土片或切出圆弧状缺口。

手锯

手锯常用来切开晾干后的黏土。
购买工具时输入"模型手锯"，便可搜索到相关产品。

● 塑形工具

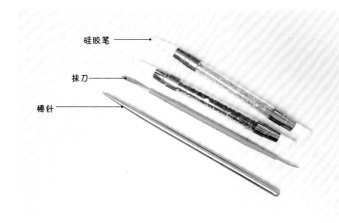

硅胶笔
抹刀
棒针

硅胶笔和棒针

硅胶笔和棒针经常搭配使用，例如用棒针压痕，再用硅胶笔抹平压痕，还可以在添加黏土进行塑形或者粘贴黏土时，用棒针擀开黏土，再用硅胶笔抹平黏土。

抹刀

抹刀除了可以抹平黏土，还可以制作短线压痕，一般用它来压出眼睛。

● 压痕工具

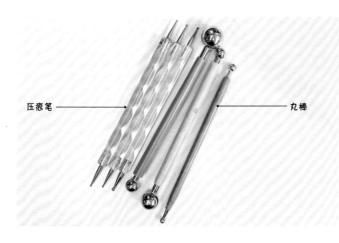

压痕笔
丸棒

压痕笔

压痕笔常用于压出眼睛和嘴巴，表现人物脸部的表情。

丸棒

丸棒可在黏土表面压出圆形凹槽，常用于制作压痕。

❀ 常用的造型材料 ❀

泡沫球

泡沫球的用法主要有两种，一是制作空心的黏土球，二是辅助塑造圆弧状黏土片。

锡纸

锡纸的用法也有两种：一是制作空心的黏土块，用锡纸可捏出正（长）方体、椭球体等不同的形态；二是在黏土表面压出粗糙的肌理。

❀ 其他工具和材料 ❀

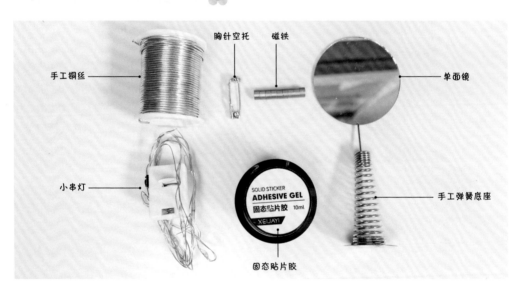

手工铜丝　　胸针空托　磁铁　　　　　　　　　　　单面镜

小串灯　　　　　　　　　固态贴片胶　　　　　手工弹簧底座

手工铜丝

手工铜丝（或铁丝）主要用于零部件之间的衔接和支撑，本书案例主要用手工铜丝制作机关，建议购买直径为1mm的铜丝，其他规格的铜丝太细、太软，不能起到支撑作用。

胸针空托

与黏土作品粘贴固定后，便可将黏土作品别在胸前或背包上，作为装饰品。

磁铁

把磁铁藏入黏土中可使黏土具备磁性，可用它来制作收纳盒、冰箱贴等。

单面镜

用来自制小型镜子，如需网购材料，可搜索"diy镜子单面镜"。

小串灯

用来自制小灯。

固态贴片胶

又称固态甲片胶，用来制作具有透明质感的物体，如水珠、龙眼等，这种材料需用紫外灯固化。

手工弹簧底座

用来制作可摇晃的摆件。

尖嘴钳

用于拧铜丝，例如把铜丝拧成圆环状或螺旋状。

水口钳

用于剪断手工铜丝。

水口钳　　尖嘴钳

加热杯垫

用于烘干石塑黏土。

上色材料和工具

石塑黏土作品晾干后基本都需上色，可用来上色的材料和工具有许多，下面介绍一些实用的上色材料和工具。

上色材料

常见的上色材料有水粉颜料、丙烯颜料、色粉，本书使用的上色材料有丙烯颜料和色粉。下面介绍这两种材料的特性。

丙烯颜料

为石塑黏土上色，需选择具有较强覆盖力的颜料，其中水彩颜料不符合该要求。

丙烯颜料和水粉颜料都有较强的覆盖力。丙烯颜料的干燥速度快，且干燥后会在表面形成保护膜，具有一定的耐水性与耐光性；而水粉颜料的干燥速度慢，干燥后表面为亚光状，且不耐水。

色粉

与颜料相比，用色粉上色可表现出自然的深浅渐变效果，常用来晕染颜色。

注意，购买色粉时需选择软性色粉，网购时可搜索"娃妆色粉"。

上色工具

常用的上色工具有美妆蛋、排笔、勾线笔、棉签；用来压出眼睛和嘴巴的压痕笔，也可辅助上色。

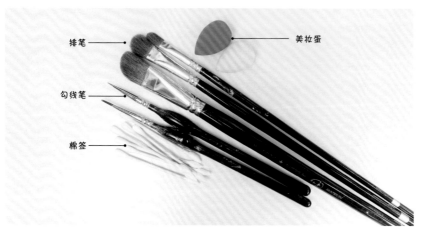

排笔

勾线笔

棉签

美妆蛋

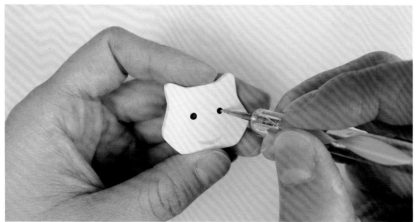

美妆蛋
用来平铺丙烯颜料和色粉，其优点是上色均匀，不会留下笔触痕迹，缺点是较难为面积较小的区域和表面凹凸不平的区域上色。

排笔
可分为平头排笔和圆头排笔，一般来说，大面积平铺上色时选择平头排笔，小细节和凹面处选择圆头排笔。

勾线笔
一般用来绘制小点纹理或者勾细线。

棉签
用色粉上色时，大多选择棉签作为上色工具，特别是涂腮红的时候。

压痕笔
压痕笔是特殊的上色工具，只用来辅助丙烯颜料上色，如为眼睛和嘴巴的凹痕上色。

❀ 打磨工具 ❀

打磨时需准备砂纸和湿纸巾。砂纸可将粗糙的表面磨平，在购买砂纸时需准备不同目数的砂纸。目数越小，砂纸越粗，打磨效果越粗糙；目数越大，砂纸越细，打磨效果越精细。湿纸巾一般用于抹平砂纸痕迹，或用于最终整体的打磨。

砂纸 —— 湿纸巾

❀ 防水材料 ❀

防水材料需待作品表面的颜料干透后再使用。本书使用的防水材料有帕蒂格防水光油和郡士透明保护漆。使用防水光油时，可借助排笔或棉签涂刷；使用透明保护漆时，需距离作品20cm左右，以"Z"形喷涂。

注意，这两种防水材料有不同的颜色分类，常见的效果有高光和亚光两种。大家在购买时，可依据作品材质选择合适的防水材料。

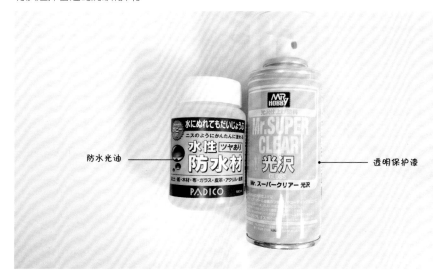

防水光油 —— 透明保护漆

第2章

石塑黏土的
基本制作技巧

Chapter Two

步骤1 捏形

捏形是指把石塑黏土捏成各种形状，这是制作石塑黏土作品的第一步。捏形一般有搓球、擀片、压扁、搓条等方法，制作出基础形状后，再用这些基础形状塑造出动物、植物等造型。

下面介绍捏形阶段的3个重要知识。

捏形前的准备

捏形之前需清洁桌面和手部灰尘，以免弄脏石塑黏土。注意，清洁手部的同时，还需保持手部湿润，建议使用湿纸巾湿润手部；在捏形过程中，也要保持手部的清洁与湿润。

保持手部湿润的原因
石塑黏土在湿润的状态下更好塑形，手部湿润时，石塑黏土表面水分增加，更有利于捏形。此外，润湿双手还可以防止黏土与手部粘连，使操作更加顺畅。

添加黏土的方法

在黏土塑形阶段，塑造饱满、圆润的外形时，一般需要先添加黏土，再塑形，下面演示添加黏土的方法。

❶ 把新增的黏土搓成球状，再将其微微压扁。

❷ 以手指打圈的方式在需添加黏土的区域涂抹清水，直到黏土表面出现泥浆。

涂抹清水并搓出泥浆的原因
石塑黏土在湿润的状态下黏度高，搓出泥浆可增加黏土的黏性。

❸ 把新增的黏土贴到泥浆处。

❹ 用手指由内至外抹边，使衔接处过渡自然。若手指操作不便，可用棒针抹边。

❺ 用硅胶笔由内至外抹平接缝，直至表面光滑。

✿ 黏土部件的粘贴方法 ✿

黏土作品大多是由多个黏土部件组合而成的，黏土部件的粘贴，并不需要使用胶水，只需在黏土部件上涂抹清水即可。下面演示黏土部件的粘贴方法。

❶ 以打圈的方式在黏土表面涂抹清水，直至黏土表面出现泥浆。

❷ 粘贴需组合的黏土部件，可稍微用力垂直下压黏土进行粘贴。注意，用力时勿将部件捏变形。

❸ 若需抹平缝隙，可用硅胶笔；若缝隙较大，可在缝隙处添加少量黏土，再用硅胶笔抹平。

步骤2 晾干

捏形完成后，黏土还处于湿润的状态，须待黏土晾干后，再进行下一步操作。
石塑黏土可自然风干，也可用加热杯垫或将烤箱温度调到90℃左右烘烤。注意，禁止使用微波炉。
黏土为扁平形状时，在干燥过程中，可能会出现翘边现象，如片状的胸针、冰箱贴、方盒面板。
在晾干扁平的黏土时，可使用表面平整的书、压板或木板压住黏土片，防止黏土片翘边。注意，
书或木板的重量不宜过大，否则会造成黏土变形。

表面平整
的木板

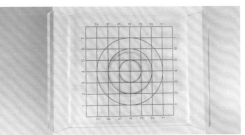

步骤3 打磨

打磨分砂纸打磨和湿纸巾打磨两种。一般情况下，需磨平黏土、磨去尖角，或者抹去表
面凹凸痕迹时，选用砂纸打磨；只需抹平细小痕迹，且需保留表面肌理时，选用湿纸巾
打磨。

需磨去尖角

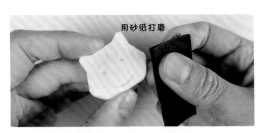

用砂纸打磨

需抹平细小痕迹

用湿纸巾打磨

使用砂纸打磨时，先用粗砂纸，再用细砂纸，即先用小目数的砂纸，再用大目数的砂纸。若砂纸太大，可将其剪切成合适的形状与大小。

使用湿纸巾打磨时，容易造成表面细节丢失，切记不要用湿纸巾过度打磨。

步骤4 上色

平涂底色时，需使用丙烯颜料上色，先用丙烯颜料覆盖石塑黏土，改变黏土的颜色。后续再上色时，如需盖住底色，就继续用丙烯颜料上色；如需透出底色，就在底色上晕染颜色，这时可选用色粉上色。

下面介绍使用这两种材料上色的注意事项和小技巧。

使用丙烯颜料上色的注意事项

第一，一定要等石塑黏土完全干燥后再上色，若在黏土未干时上色，待黏土干燥后，丙烯颜料会因水分蒸发而鼓包或脱离。

第二，颜料不宜过干，不然很难均匀上色。

第三，叠加颜色时，需等底色晾干，若底色未干便叠加颜色，两种颜色的颜料会互相融合，使颜色变脏。

丙烯颜料上色技巧

技巧1：用排笔上色时，以十字形涂刷方式上色会让颜色更均匀。

例如，第一遍横涂上色，待颜料干燥后涂第二层颜色，此时，用竖涂法上色，以垂直的笔触覆盖第一次横涂的笔触。

第一遍横涂上色

第二遍竖涂上色

技巧2：美妆蛋可均匀地平铺颜料，若觉得排笔上色不均匀，可用美妆蛋上色。

黏土作品因造型不同，部分区域无法使用美妆蛋进行铺色，可先用美妆蛋铺底色，再用排笔或勾线笔补色。

美妆蛋上色

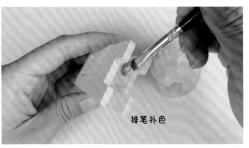

排笔补色

技巧3：可用合适的工具充当画笔，如可用压痕工具点涂出圆点。

为圆形凹槽填色时，应选择比圆形凹槽小一号的压痕工具点涂上色；点涂圆点纹理时，应选择大小不一的压痕工具交叉点涂。

用压痕笔点涂圆形凹槽

用压痕笔点涂圆点纹理

技巧4：丙烯颜料各色系的颜色不仅有深浅之分，还有冷暖之分。

依据本书案例的上色需求，在购买颜料时，如果自选颜色，可选择以下12种作为主要颜色。

| 柠檬黄 | 淡黄 | 大红 | 玫瑰红 | 淡绿 | 中绿 |
| 湖蓝 | 群青 | 赭石 | 熟褐 | 黑 | 白 |

提示

1.柠檬黄和淡黄，前者偏冷，后者偏暖；大红和玫瑰红，前者偏暖，后者偏冷。

2.紫色可以用玫瑰红加群青调出，其他绿色可以用中绿加黄色或赭石等调出；例如，玫瑰红+群青=紫色，大红+群青+黑色=深红，淡绿+淡黄=黄绿，中绿+淡黄+赭石=橄榄绿。

❀ 使用色粉上色的注意事项 ❀

第一，用色粉上色之前，需用丙烯颜料上底色，如只需表现色粉的颜色，那就用白色丙烯颜料上底色。

第二，必须待丙烯颜料晾干后，再涂色粉。

❀ 色粉上色技巧 ❀

技巧1：用色粉涂腮红时，可搭配棉签上色，上色时由内向外以打圈的方式涂色。

技巧2：大面积晕染色粉时，可搭配排笔上色，上色时由深色区向浅色区晕染。

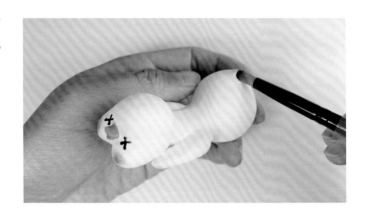

步骤5 涂保护层

在涂防水光油或喷透明保护漆前，必须晾干丙烯颜料，以免破坏上色效果。

涂防水光油的方法

涂防水光油的工具有大号排笔和棉签，封涂方法可参考用排笔上色时的十字形上色法，即第一遍横涂，第二遍竖涂。

注意，必须等第一层防水光油完全干燥后，再上第二层防水光油；涂完防水光油后，需及时用水和洗涤剂清洗排笔。

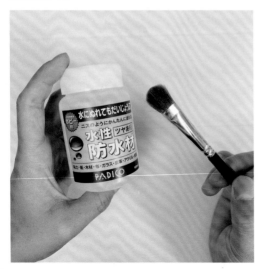

喷透明保护漆的方法

如果作品造型比较复杂，不方便涂防水光油，可使用透明保护漆。喷透明保护漆时，须距离作品20cm左右，以"Z"形喷涂。

注意，喷漆时房间内一定要通风，或在室外喷涂，禁止在密闭空间内喷涂；喷涂时要戴好防护面罩，并做好其他防护工作。

第3章

石塑黏土手作入门
——基础形

Chapter Three

以片为基础形

刚开始制作石塑黏土手作时，可从片状石塑黏土手作入门，片状石塑黏土便于捏形，且成品可爱。

🌸 苹果 🌸

主要用色参考

⬜	白
🟪	粉（白＋大红）
🟥	大红
🟩	翠绿（中绿＋群青）
⬛	熟褐＋黑
⬛	黑

步骤1 制作图纸和擀制黏土片

制作图纸。用铅笔在A4纸上画一个苹果，再将其剪下来。

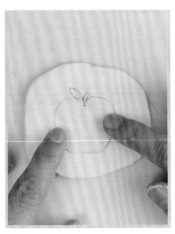

擀制黏土片。用擀泥杖将黏土擀开。

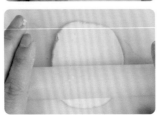

步骤2 依据图纸裁剪黏土片

裁剪黏土片。依据图纸轮廓，用长刀片裁剪黏土片。

步骤3 简单地造型

步骤4 晾干后打磨

压出苹果的眼睛与嘴巴及果蒂处的细节等。眼睛与嘴巴集中一些看起来会更可爱。

修饰蒂口。用硅胶笔轻轻对果蒂处塑形，使其形成一个平缓的坡度。

把苹果放在阴凉通风处晾干，再用砂纸打磨边缘处的棱角。

步骤5 平涂底色，打造可爱的形象

上底色。用美妆蛋蘸大红色颜料，均匀地涂色。

画表情、果蒂和叶子。用丸棒蘸黑色颜料点出眼睛，用勾线笔分别蘸不同颜色的颜料平涂果蒂、叶片和嘴巴。

画出腮红。用棉签蘸浅粉色色粉，点出苹果的腮红。

❀ 梨 ❀

主要用色参考

⬜	白
⬛	淡绿 + 淡黄
⬜	淡绿 + 大红 + 柠檬黄
⬛	淡绿 + 淡黄 + 少量赭石
⬛	大红
⬛	黑

步骤1 制作图纸和擀制黏土片

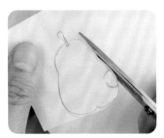

制作图纸。用铅笔在A4纸上画一个梨,再将其剪下来。

擀制黏土片。用擀泥杖将黏土擀开。

步骤2 依据图纸裁剪黏土片

裁剪黏土片。沿着梨的图纸轮廓裁剪黏土片。

裁剪圆形缺口,用切圆工具(可用笔盖代替)在梨的一侧切一个缺口。

压出梨的眼睛与嘴巴。用丸棒点出眼睛,在双眼中间压出嘴角向下的嘴巴。

压出果蒂处的细节。果蒂末端较细。

晾干黏土后,用砂纸将边缘处的棱角打磨光滑。

步骤5 平涂底色,打造可爱的形象

平涂底色。用美妆蛋蘸黄绿色颜料,均匀地上色。

绘制表情与果蒂。用丸棒蘸黑色颜料点出眼睛,用勾线笔分别蘸不同颜色的颜料画出果蒂和嘴巴。

点出斑点。用勾线笔蘸橄榄绿色颜料,点出梨表面的斑点。

点上腮红。用棉签蘸大红色色粉,点出腮红。

❀ 桃 ❀

主要用色参考

⬜	白
⬜	白 + 大红
⬜	白 + 大红（略多一些）
⬜	大红
⬛	熟褐
⬛	黑

步骤1 制作图纸和擀制黏土片

制作图纸。在A4纸上画一个切开的桃，再将其剪下来。

擀制黏土片。用擀泥杖将黏土擀开。

步骤2 依据图纸裁剪黏土片

裁剪黏土片。沿着桃的边缘，用长刀片裁剪黏土片。

步骤3 简单地造型

画出桃核。用硅胶笔画出桃核的轮廓。

刻画桃核的纹理。取一张锡纸，将其团成球，用其轻轻地在桃核表面压出纹理。

用丸棒压出桃微笑的表情。

步骤4 晾干后打磨

待黏土晾干后，用砂纸将边缘处的棱角打磨光滑。

步骤5 涂底色

用美妆蛋蘸粉色颜料，在黏土表面先平涂一层颜色，再蘸取深一些的粉色颜料，在桃子边缘叠色。

提示

桃肉中间颜色浅，只需上一次色；边缘颜色深，需二次叠色。

大量的白色颜料+少量的大红色颜料可混合出粉色，大红色越多，则粉色越深。

步骤6 打造可爱的形象

画出表情。用丸棒蘸黑色颜料点出眼睛，用勾线笔蘸大红色颜料涂出嘴巴，待颜料干透后，用白色颜料画出牙齿。

画出桃核，用勾线笔蘸熟褐色颜料，为桃核上色。

画上腮红，用棉签蘸大红色色粉，点出腮红。

🌸 猫咪 🌸

主要用色参考

⬜	白
	白 + 大红
	白 + 玫瑰红
	柠檬黄
	大红 + 柠檬黄
	淡绿 + 柠檬黄
	赭石
⬛	黑

步骤1 制作图纸和擀制黏土片

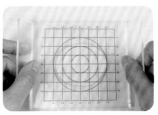

制作图纸。用铅笔在A4纸上画出猫头轮廓，再用剪刀将其裁剪下来。

制作黏土片。取一块黏土，将其揉搓成椭球状，再用压板压扁。

步骤2 依据图纸裁剪黏土片

刻画轮廓线。将图纸贴在黏土片上，再用刻刀沿着图纸轮廓画线。

裁出猫头黏土片。取下图纸，用长刀片沿着轮廓线裁出猫头。

步骤3　简单地造型

压出猫咪的下巴。用丸棒在黏土片下侧压出一条曲线。

压出猫咪的眼睛。换大一些的丸棒压出眼睛。

步骤4　晾干后打磨

将做好的猫头放在阴凉通风处晾干，干后用砂纸打磨边缘处的棱角。

步骤5　绘制底色

平铺底色。用海绵蘸取颜料均匀地铺色。

添加底色。等第一层颜料干透后，再铺第二层颜料。

用勾线笔添色。用比底色深一些的颜色绘制下巴处的阴影。

绘制眼睛。用丸棒蘸黑色颜料点出眼睛。

需要用到海绵、勾线笔、颜料、调色盘。

在眼睛外围添加黄色圆圈，再用浅粉色颜料画出耳朵、鼻子、嘴巴。

画上腮红。用棉签蘸取粉色色粉，在猫咪脸颊处，以由内向外打圈的方式画出腮红。

用浅粉色颜料在耳朵内侧画出小三角形，在眼睛外围画一个彩色小圆圈，用白色颜料点出鼻子。

画猫咪的花纹。在橙色中加一点大红与赭石，用勾线笔在猫咪脸颊两侧和耳朵之间画条状花纹。

画出嘴巴和鼻头。用浅粉色颜料在鼻子中间绘制出嘴巴，并添加小小的浅粉色鼻头。

最后，用棉签蘸粉色色粉，点出腮红。

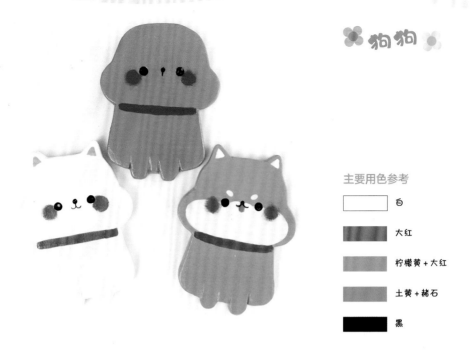

狗狗

主要用色参考

	白
	大红
	柠檬黄 + 大红
	土黄 + 赭石
	黑

步骤1 制作图纸和擀制黏土片

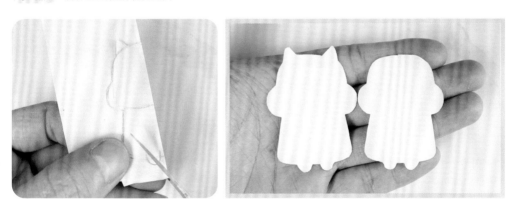

制作图纸。在A4纸上画出狗狗左半边的轮廓，为了保证图形的对称性，将图纸对折后再进行裁剪。这里剪出两个狗狗图纸。

擀制黏土片。用擀泥杖将黏土擀开。

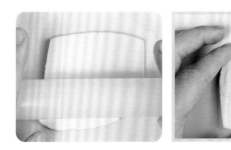

裁剪黏土片。用长刀片沿着图纸轮廓裁剪出狗狗形状的黏土片。

用丸棒压出眼睛、鼻子,眼睛和鼻子可以集中一些。

用硅胶笔沿着前肢轮廓划线,细化其前肢部分。

待黏土晾干后,用砂纸将黏土边缘处的棱角打磨光滑。

用排笔蘸不同颜色的颜料,将狗狗分别涂成白色、棕色、橘红色。

画眉毛和耳朵。用勾线笔蘸白色颜料，画出耳朵、眉毛和脸颊。

画项圈。用勾线笔蘸大红色颜料，画出狗狗的项圈。

点出眼睛和鼻子。用丸棒蘸黑色颜料点出眼睛和鼻子。

画嘴巴。用勾线笔蘸黑色颜料，先画出类似"W"形的嘴巴，再用大红色颜料画出舌头。

点出腮红。用棉签蘸大红色色粉点出腮红。

步骤7 涂防水光油

其他两只小狗用相同的方法画出，待颜料干透后，用棉签蘸防水光油涂于黏土表面。

片状石塑黏土作品的应用

如果想将片状石塑黏土作品作为挂件、胸针、冰箱贴等使用，需要准备一些别针、磁铁等配件，以及珠宝镶钻胶。

第一步：等石塑黏土表面的颜料干燥后，选择防水光油或者透明保护漆为黏土作品增加保护层，使其不易褪色。

选择依据：在为石塑黏土上色时，如果选择使用色粉上色，则建议使用透明保护漆进行喷涂。这样可以最大限度地保护色粉，防止其脱落。如果使用排笔涂防水光油，可能会造成色粉脱落。

第二步：在别针或者磁铁上涂上珠宝镶钻胶，再将其贴到石塑黏土作品的背面，静待胶水干燥。

以条为基础形

初学者在学会片状石塑黏土的制作方法后，可以学习以条状黏土为基础，制作各种样式的装饰品的方法，逐步提高造型能力。

花花戒指

主要用色参考

	白
	大红 + 白
	柠檬黄 + 大红
	淡绿 + 淡黄

步骤1 制作指环

制作黏土条。先将黏土擀成片，再用长刀片从黏土片上裁一根细条，将黏土条绕在手指上，以确定黏土条长度。

提示

黏土干后会略微收缩，此处在确定黏土条长度时，需适当增加黏土条的长度。

制作指环。将黏土条头尾相连，再用抹刀将接口处抹平。

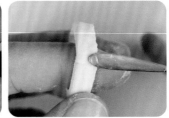

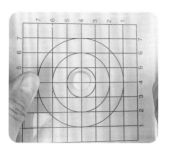 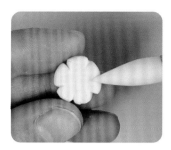 

制作圆形黏土片。将黏土揉成球，再用压板将其压扁。

划出花瓣。用硅胶笔沿黏土片边缘划分出花瓣。

制作花蕊。先用抹刀压出花丝，再用丸棒点出花药。

步骤3 晾干后打磨

待黏土干燥后，用砂纸将指环和花朵的棱角打磨平滑。

注意

指环边缘既可打磨成圆角，也可打磨成直角。

步骤4 上色

 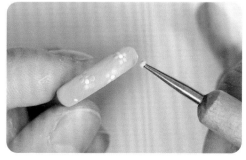

为指环上底色。用排笔蘸淡黄绿色颜料，在指环表面均匀地涂色。

为指环画花朵形状的花纹。用丸棒蘸相应颜色的颜料，点出花朵形状的花纹。

为花朵上色。用勾线笔蘸粉色颜料，在黏土表面均匀地涂色。

为花药上色。用勾线笔蘸黄色颜料，在花药处点上颜色。

步骤5 涂防水光油 步骤6 组合指环与花朵

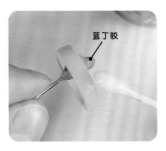

蓝丁胶

待颜料干透后，用蓝丁胶辅助固定指环，再为指环和花朵涂上防水光油。

待防水光油干透后，在指环上点上珠宝镶钻胶，将花朵粘到指环上。

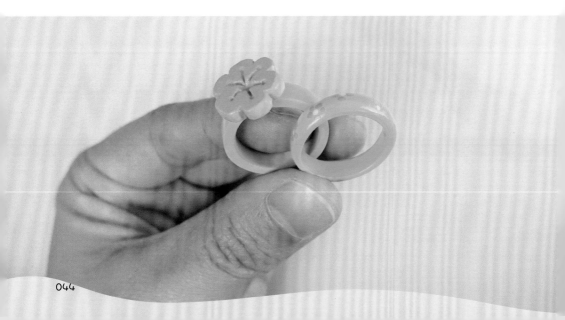

主要用色参考

| | 白 |
| 淡黄 |
| 淡绿 + 淡黄 |

步骤1 制作花瓣

搓一个椭球形黏土。把黏土揉成球，再将其两端搓细。

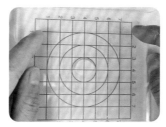

压出花瓣。用压板将椭球形黏土压扁。

制作花瓣。将棒针放在黏土片上，再捏住黏土片一端，塑造出花瓣的形状。

步骤2 制作花枝

制作指环。将黏土搓成一端较细、另一端较粗的细长条，再将其卷成环状。

粘贴花瓣。把花瓣贴到黏土条较细的一端，再将其向外弯曲。

抹平接缝。在接缝处抹上清水，再用抹刀将接缝抹平。

添加叶片。用制作花瓣的方法，再制作 片叶子。用相同的方法将其粘贴到黏土条上。

用抹刀将接缝抹平。

待黏土干燥后，先用砂纸打磨黏土，再用湿纸巾打磨黏土。

在黏土表面涂一层水性亚光漆（也可以用防水光油），以加固黏土。

用勾线笔蘸相应颜色的颜料，先为枝叶上色，再为花瓣和花蕊上色。

待颜色干透后，用棉签为海芋花戒指涂上防水光油。

主要用色参考

⬜	白
	淡黄
	淡绿 + 淡黄
	大红
	赭石 + 熟褐
⬛	黑

步骤1 制作花篮底座

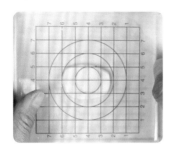

用压板压制黏土片，将其作为花篮底座。黏土片的厚度大约为3mm。

步骤2 制作"藤条"

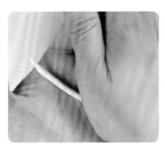

制作黏土条。取少量黏土搓成均匀的长条，须搓多个长条。

将黏土条拧成麻花状，将黏土条两两组合，并将每一组拧成麻花状，做出"藤条"。注：操作时需要尽量快，以免黏土干燥，从而影响黏土的韧性。

步骤3 编织藤筐

取一根藤条，将其围绕底座往上编，制作出藤筐。

用丸棒在藤筐上压出眼睛和一个微笑的嘴巴。

取一根藤条，将其贴在藤筐左右两侧，制作出提手。

制作6个大小相同的黏土球，并将它们组合成花朵形状。

压制花瓣上的纹理。用硅胶笔轻轻地在花瓣中间压出一道痕迹。

制作花枝。搓一根长条，将其与花瓣粘贴起来作为花枝。

将制作好的花篮放到阴凉处晾干，再用湿纸巾将其表面打磨光滑。

为花篮上色。蘸棕色颜料为花篮均匀地上色。

细化表情。先用丸棒蘸黑色颜料点出眼睛，再用勾线笔蘸大红色颜料画出嘴巴和腮红，在上唇处用白色颜料画出牙齿。

为花瓣和花枝上色。先用勾线笔蘸白色颜料为花瓣上色，再用浅绿色颜料为花枝上色。

为花蕊上色。待花瓣的颜料干燥后，用勾线笔蘸淡黄色颜料为花蕊上色。

步骤9 涂防水光油

待颜料干燥后，在花篮和花朵表面涂一层防水光油，使其更有光泽。

以球为基础形

制作以球体为基础形的黏土手作，需要有一定的造型功底，制作时可对黏土球进行调整，再简单造型，从而制作出可爱的黏土作品。

牙齿宝宝

主要用色参考

⬜	白
⬛	大红
⬛	白 + 黑
⬛	黑

步骤1 制作黏土球

先制作一个黏土球，再调整黏土球一侧的大小，调整方法一般是先轻捏黏土球的一侧，再用手指抹平黏土表面的痕迹。

步骤2 制作牙根

步骤3 调整牙齿外形

用棒针的尖头端在黏土球底部压十字花，将此处作为牙根。

压平黏土球顶部，再把牙齿调整为上宽下窄的形状。用手指轻捏牙根，使其更明显。

步骤4 制作牙冠

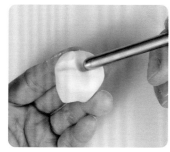

用棒针的圆头端在牙齿顶部压十字花，再用棒针的尖头端压出细痕。

提示
蛀牙只需在健康牙齿的基础形上压出虫洞即可。

步骤5 制作表情

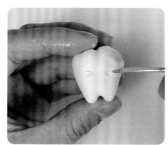

为蛀牙添加哭泣的表情。用抹刀压短线，使它们组成哭泣的眼睛；压嘴巴时先点出嘴角，再往上压出唇形。

为健康的牙齿添加微笑的表情。用压痕笔压出圆形的大眼睛，再压出微笑的嘴巴。

待黏土完全干透后，用湿纸巾打磨黏土表面，使其更光滑。

步骤7 上色

用美妆蛋蘸白色颜料，为牙齿均匀地铺上底色。

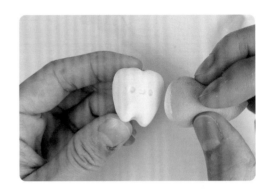

提示

上色时可分次进行，例如，可以分为上下两部分依次上色。先为上半部分上色，待颜料干燥后，再为下半部分上色。这样可以避免因手指接触颜料而破坏上色效果。

步骤8 为表情上色

  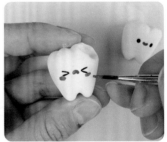

用勾线笔蘸黑色颜料画出眼睛，用压痕笔蘸大红色颜料为嘴巴填色，用勾线笔蘸大红色颜料画出腮红。

提示

微笑表情的眼睛用压痕笔蘸黑色颜料填色。注意，当眼睛是圆形凹槽形式时，应用压痕笔填色，这能保证眼睛外形圆润，上色均匀。

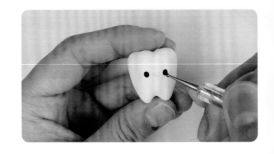

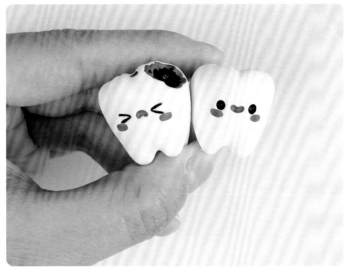

用深灰色颜料和黑色颜料绘制蛀牙的虫洞，在虫洞外点上一些小黑点，同样需要先用深灰色颜料平铺出底色，再用黑色颜料涂抹中间区域。

提示

虫洞的底色是用白色+黑色调和而成的深灰色。

为虫洞上底色，待其干透后，用黑色颜料在虫洞内部叠加颜色，以区分牙齿内外两层结构。

步骤10 涂防水光油

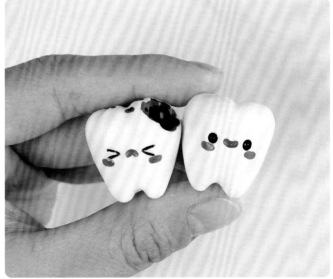

待颜料完全干透后，用蓝丁胶固定牙齿，在牙齿表面涂上防水光油，制造出类似牙齿的质感。涂防水光油的方法与上色方法相同，也是先涂上半部分，再涂下半部分。

❀ 豌豆荚磁石标签贴 ❀

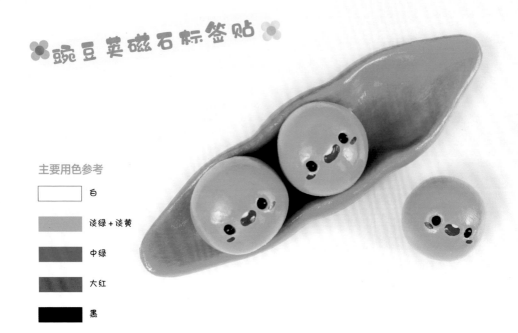

主要用色参考

⬜	白
🟩	淡绿 + 淡黄
🟩	中绿
🟥	大红
⬛	黑

步骤1 制作豌豆

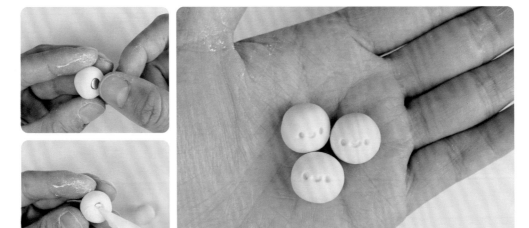

搓3个黏土球，并在其中埋入磁铁，在与磁铁相对的一面添加微笑的表情。

提示

在黏土球底部嵌入磁铁，且每个黏土球中的磁铁正负极方向相同。

步骤2 制作豆荚

 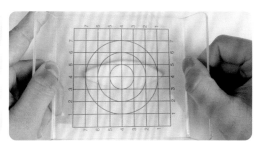

把黏土搓成梭形，注意，梭形的长度约为5颗豌豆并排摆放的长度，再用压板把梭形黏土压成片。

步骤3 塑造豌豆荚的形态

 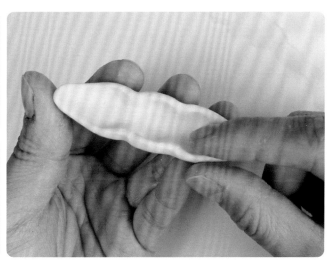

把豌豆放在黏土片上，再将黏土片向上包住豌豆，确定豌豆荚的基础形后，再慢慢调整豌豆荚轮廓的弧度。

提示

一定要先晾干豌豆，才能把它放到豌豆荚上辅助造型，并且豌豆之间要有一定的距离。

步骤4 添加磁铁

 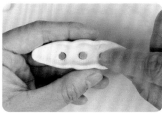 

确定豌豆荚中磁铁的安放位置。先用豌豆吸附一块磁铁，然后把豌豆放入豌豆荚中，通过拓印的方法确定磁铁安放的位置，确定位置后再把磁铁埋入豌豆荚中。

步骤5 晾干后打磨

打磨豌豆荚。先用砂纸打磨豌豆荚边缘，再用湿纸巾抹平砂纸留下的痕迹。

打磨豌豆。豌豆不可使用砂纸打磨，只需用湿纸巾抹去其表面不规则的痕迹即可。

步骤6 上色

为豌豆荚均匀地铺上草绿色。

为豌豆上色。注意，豌豆的颜色比豌豆荚鲜嫩些。先铺底色，再用勾线笔为眼睛和嘴巴上色，用勾线笔画出牙齿和腮红。

步骤7 涂防水光油

 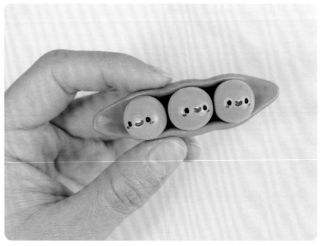

待颜料完全干透后，在黏土表面涂上防水光油。

主要用色参考

	白
	大红
	黑

步骤1 制作长裙

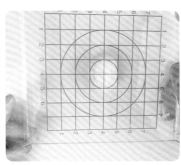

制作圆柱体。先用手搓出一个黏土球，再用压板左右搓动黏土球，得到圆柱体黏土。

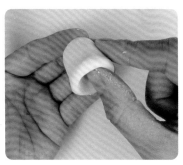

把圆柱体黏土调整为中空状。捏住黏土底部，将其向内推，同时转动黏土，用丸棒按压黏土顶部。

搓一个黏土球，并将其与长裙粘贴在一起，用抹刀从长裙中部向上削减黏土，使长裙上窄下宽；最后抹平黏土表面，并调整裙摆宽度。

步骤3 细化长裙

制作褶皱。用棒针压出褶皱，褶皱不要太密，且要有长短之分。

塑造裙摆。用棒针的圆头端向上压裙摆，调整出裙摆处的弧度。

步骤4 制作颈环

步骤5 制作表情

搓一根细长的黏土条，将其围在晴天娃娃的脖颈处，用硅胶笔抹平颈环的接缝处。

用压痕笔压出微笑的表情。

步骤6 晾干后打磨

晾干黏土后分区打磨。长裙先用砂纸打磨，再用湿纸巾打磨；而头部只需用湿纸巾打磨。

步骤7 上色

用美妆蛋把晴天娃娃均匀地涂成白色，颈环则用勾线笔涂成大红色。

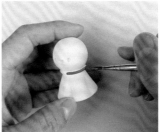

步骤8 为表情上色

眼睛和嘴巴用压痕笔填色，再用勾线笔画出大红色的腮红。

步骤9 涂防水光油

待颜料完全干透后，在晴天娃娃表面涂上防水光油。

❀肥啾饭团❀

步骤1 制作饭团的基础形

把球状黏土调整为锥状。先搓一个黏土球，再按压黏土球左、右下方三侧，把圆球调整成锥形。把压板倾斜摁压三角锥的侧边，突出肥啾的圆肚子。

步骤2 细化脸颊

塑造圆润的脸颊。在脸颊处添加小黏土球，再用硅胶笔抹平接缝。

用小刷子在黏土表面轻轻按压，制作出颗粒状的粗糙肌理。

步骤4　添加眼睛和嘴巴

用压痕笔压出眼睛，搓一个小的锥形黏土块，并将其贴到两眼之间作为嘴巴。

步骤5　添加海苔

切一个长方形黏土片作为海苔，注意，黏土片不宜过厚，而黏土片的长度应尽量长。粘贴黏土片时，需从肥啾饭团的脸颊开始向后粘贴，最后裁剪背面过长的黏土片。

步骤6 晾干后打磨

晾干黏土后，打磨肥啾饭团的嘴巴和海苔。肥啾饭团的嘴巴需分左右两侧打磨，将嘴巴磨成类似四棱锥的形状；海苔只需磨平毛边，最后用湿纸巾磨平砂纸留下的痕迹。

步骤7 上色

先整体涂上白色颜料，待白色颜料干透后用黑色颜料点出眼睛，再为嘴巴和海苔上色；用棉签蘸红色色粉画出腮红。

步骤8 涂防水光油

颜料干透后，在肥啾饭团表面涂上防水光油。

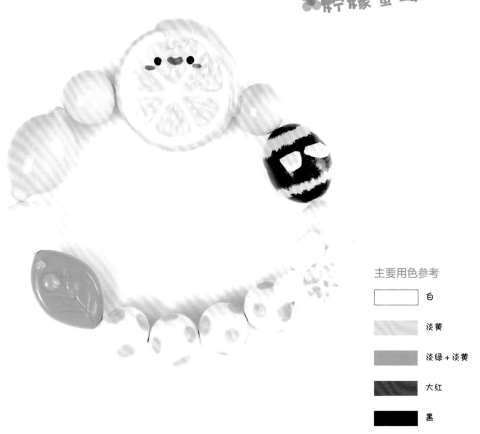

柠檬蜜蜂手串

主要用色参考

⬜	白
⬜	淡黄
⬜	淡绿+淡黄
⬛	大红
⬛	黑

步骤1 制作柠檬片

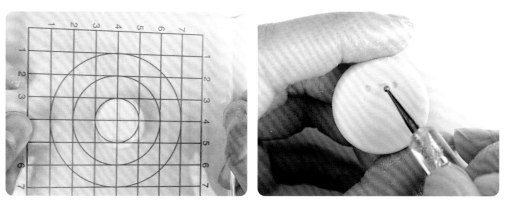

用压板将黏土球压扁，再用丸棒在黏土片上压出微笑的表情。

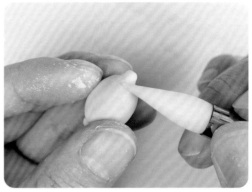

先将黏土揉成椭球状，在其两侧分别贴一个小黏土球，再用硅胶笔将接缝处抹平。

步骤3 制作柠檬花

制作柠檬花的基础形。先将黏土揉成椭球状，再用剪刀将其一侧剪成5瓣。

制作柠檬花花瓣细节。用棒针将花瓣擀开，在花瓣中间压出一道痕迹。

步骤4 制作蜜蜂

制作蜜蜂身体。取少量黏土，将其揉成椭球状，用硅胶笔画出头部与腹部之间的分界线。

制作蜜蜂翅膀。先将黏土揉成椭球状，再将其压扁并对半剪开，将它们分别贴到压痕处。

处理接缝。用硅胶笔把接缝处的黏土向下压，使接缝更加自然、平滑。

先将黏土揉成椭球状，将其压扁，调整成叶片的形态，然后用硅胶笔压出叶脉。

搓一些大小相同的黏土球。

在黏土未干时，用细针在柠檬花底端钻孔，在其他黏土成品的侧面钻孔。

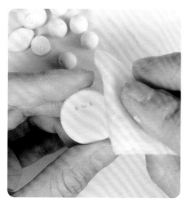

待黏土完全晾干后，用湿纸巾打磨黏土表面。

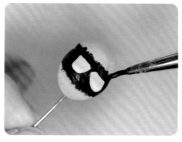

为蜜蜂上底色。用淡黄色平涂蜜蜂身体，再用白色颜料为蜜蜂翅膀上色。

用黑色（黑色中可调入一些黄色）绕着蜜蜂的身体画横向条纹。

为柠檬片上底色。先用中黄色颜料平涂柠檬片,再用白色颜料分出果肉。

绘制柠檬果肉细节。用白色颜料画小点,打造出果肉的细节。

绘制表情。先用丸棒蘸黑色颜料点出眼睛,再用勾线笔蘸大红色颜料画出嘴巴和腮红。

为柠檬花上色。先用白色颜料为花瓣上色,再用黄色颜料画出花蕊。

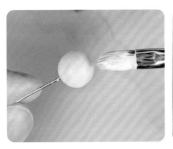

为圆珠上色。圆珠的上色方式有两种,一种是平涂白色;另一种是平涂白色后,在其上点出黄色圆点。

步骤10 涂防水光油

待颜料干燥后,在所有黏土成品表面涂一层防水光油,使其更有光泽。

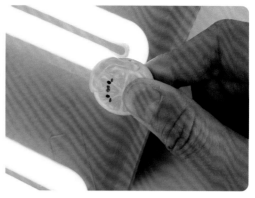

取固态贴片胶,将其贴到柠檬片的果皮上,再将其捏出向下流淌的水珠效果。

注意

在柠檬花、柠檬叶、柠檬果上都可以用固态贴片胶制作出水珠,以体现水果的新鲜。

步骤12 制作手串

取出弹力线和细针,先将弹力线穿到细针上,再将所有黏土成品以合适的顺序串到弹力线上,最后将弹力线打结,完成手串的制作。

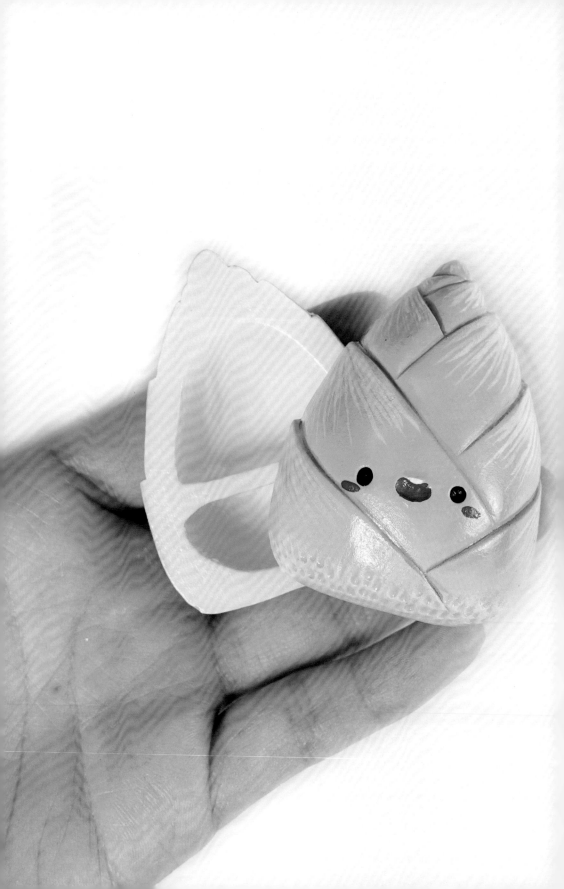

第4章

石塑黏土手作进阶
——居家好物

Chapter Four

可爱的摆件

用石塑黏土制作的作品，质感类似陶瓷，所以当手工技能有所提高后，可用石塑黏土制作一些实用的摆件，例如标签夹、笔托、手机支架等。

立牌标签夹

主要用色参考

☐	白
☐	淡黄
☐	淡绿
☐	大红
☐	熟褐
☐	黑

步骤1 制作立牌及面板

擀制黏土片，厚度大约为3~5mm。

用长刀片裁剪出梯形黏土片。可事先绘制好草图，再依据草图裁剪黏土片。

用长刀片裁出缺口，完成两块面板的制作。

步骤2 添加表情

在其中一块面板上用压痕笔压出微笑的表情。

步骤3 晾干后打磨

待黏土晾干后，用砂纸打磨其边缘。

步骤4 组合立牌

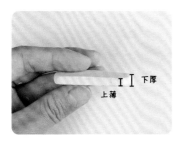

上薄　下厚

对齐

用黏土片粘合两块面板。注意，黏土片需上窄下宽、上薄下厚，这样，黏合后的立牌才能稳稳立住。

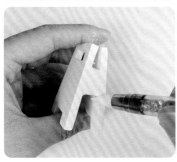

保持两块面板的底部在同一水平线上，粘贴后用硅胶笔处理接缝。

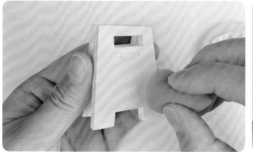 

为立牌整体涂上淡黄色，内部狭窄的地方用排笔涂色。

步骤6 绘制立牌上的图案

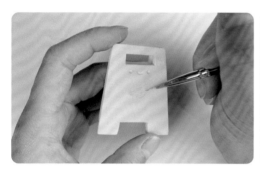 

先用淡绿色颜料勾画出香蕉的外形，香蕉的转折面用深一些的绿色颜料勾画（可在淡绿色颜料中加少量大红色颜料），最后画出表情。

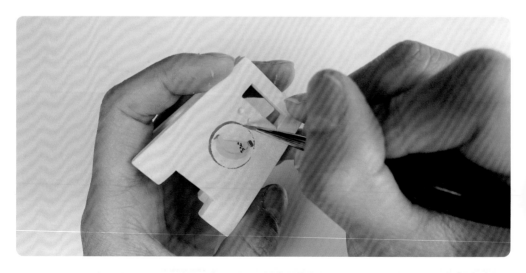

提示

绘制大红色圆圈时，可用圆环或者瓶盖蘸大红色颜料，通过拓印的方法绘制圆圈。

在香蕉上画一个禁止符，用熟褐色写上文字，再为立牌上的表情填色，用棉签蘸红色色粉点出腮红。

步骤7 涂防水光油

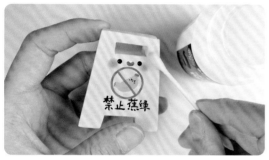 

晾干颜料后，在立牌表面涂上防水光油。

步骤8 使用方法

 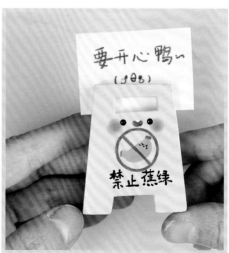

熊猫笔托

主要用色参考

	白
	大红
	黑

步骤1 捏出熊猫的基础形

背部

腹部

捏出腰果形黏土球作熊猫的基础形。先将黏土搓成球，再将其搓成圆柱体，在圆柱体中间轻压，用手指
轻抹压痕，调整出腰果形的黏土球。

步骤2 区分头部与身体

确定熊猫的颈部位置。先压出
颈部，再将头部调整圆润。

捏出熊猫的后肢。先用棒针轻压黏土，把身体下端分为两部分，再
捏出后肢。

步骤3 调整熊猫头部的基础形

横向轻压，确定眼
睛位置

竖向轻压，分
出两颊

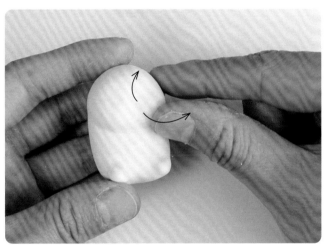

在头部中间压"T"字痕，确定眼睛和两颊的位置，再用手指轻抹压痕，调整熊猫头部的基础形。

步骤4 压出臀部

用硅胶笔压出臀部，再用手指轻抹压痕，将臀部
调整圆润。

步骤5 压出眼睛

用压痕笔压出眼睛，两眼间距可以小一些。

步骤6 制作前肢

搓两个黏土条作为熊猫的前肢。注意，前肢与背部的衔接处要平缓，手掌要突出，在抹平接缝时注意细节的处理。

步骤7 制作后肢的脚掌

在后肢上各贴一个小黏土球，用硅胶笔抹平接缝，压平掌心，再压出脚趾。

步骤8 制作尾巴和耳朵

制作尾巴。在臀部上贴一个小黏土球，再抹平接缝，将其作为尾巴。

制作耳朵。在头顶两侧各添加一个黏土球，再抹平接缝，作为耳朵。

最后，用丸棒压出嘴巴。

黏土完全晾干后进行打磨，打磨分砂纸打磨和湿纸巾打磨两步，添加黏土的接缝处，一般会形成粗糙的肌理，需用砂纸打磨，其他区域只需用湿纸巾轻抹即可。

步骤10 上底色

熊猫的皮毛只有黑白两色，先将熊猫整体均匀地涂白，细小的接缝处用勾线笔填色。

步骤11 画出前肢、颈部与后背的黑色区域

待白色颜料干透后，用黑色颜料画出前肢、颈部与后背的黑色区域。

提示

熊猫前肢连接后背和颈部，形成一个黑色的区域，绘制时要注意后背的黑色区域。

把熊猫的耳朵、眼圈、后肢等涂成黑色。

用勾线笔蘸白色颜料，点出熊猫的指甲。

步骤14 画腮红和嘴巴

用棉签蘸红色色粉，在熊猫脸颊上画圈，画出腮红。

用压痕笔蘸大红色颜料，给熊猫的嘴巴填色。

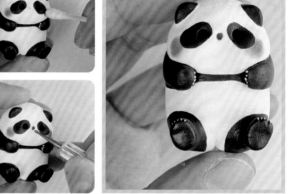

步骤15 涂防水光油

待颜料干透后，在黏土成品表面涂上防水光油。

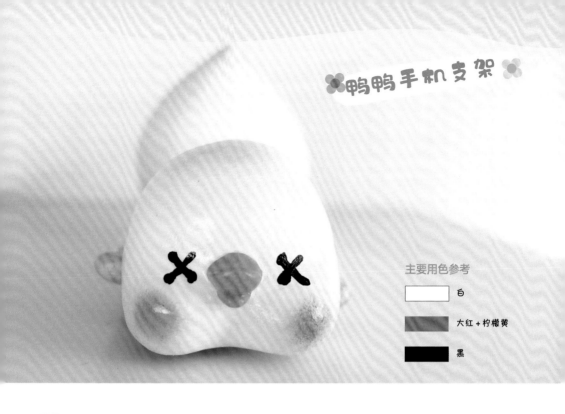

主要用色参考

	白
	大红 + 柠檬黄
	黑

步骤1 制作鸭鸭身体

捏一个水滴状黏土块，使其尖角向上弯，做出上翘的尾巴。

步骤2 塑造鸭鸭臀部

在尾巴中线处压痕，塑造臀部，用抹刀压一个"X"字。

制作头部基础形。先搓一个黏土球，在黏土球中心区域压出"T"字痕，划分出眼睛和脸颊区域。

塑造圆润的脸颊。在脸颊位置添加黏土球，用棒针由内至外抹平接缝，再用手指将黏土处理光滑。

步骤4 制作鸭鸭嘴巴

把小块黏土搓成水滴状，将其贴到两颊之间作为上喙。

用硅胶笔抹平接缝，继续做出下喙。注意，上喙要微微向上翘起，下喙要比上喙小。

步骤5 组合头部与身体

制作脖子并将其与头部组合。搓一段柱状的黏土作为脖子，把头部与脖子组合在一起，在头部与脖子的接缝处加一块黏土，然后抹平接缝。

把鸭鸭的身体直立摆放，与脖子粘贴在一起，处理方法同前。

步骤6 制作翅膀

提示
鸭鸭的脖子不要过长，放下手机稍有宽裕即可，鸭鸭屁股是支撑手机的部位，所以要高一些。

搓一个细长的水滴状黏土块，微微压扁其尖端，再将其与身体粘贴在一起，接缝处用硅胶笔抹平。另一侧翅膀的制作方法相同。

步骤7 晾干后打磨

黏土衔接处的粗糙痕迹用砂纸打磨，再用湿纸巾对整体进行打磨。

步骤8 用丙烯颜料上色

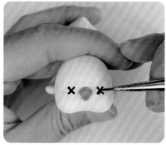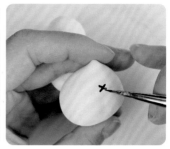

用美妆蛋蘸白色颜料平涂鸭鸭，等白色颜料干透后用黑色颜料画出眼睛和屁屁，再把嘴巴涂成橘红色。

步骤9 用色粉上色

待颜料干透后用橘红色色粉晕染脸颊、翅尖、尾巴、臀部等区域。

步骤10 涂防水光油

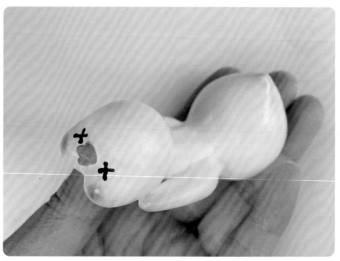

涂防水光油时，若遇到色粉区域，则用点涂的方式进行涂抹，避免色粉散开。

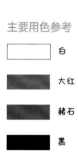

❀ 肥啾摇摇摆件 ❀

主要用色参考

	白
	大红
	赭石
	黑

步骤1 捏出肥啾的基础形

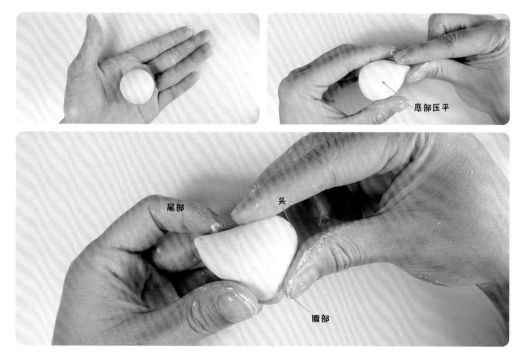

底部压平

尾部   头

腹部

先搓一个黏土球,将其底部微微压平,再把黏土球右侧捏尖,塑造出肥啾的尾巴;旋转黏土至合适的位置,捏出肥啾的头部和腹部。

步骤2 区分肥啾的头部和身体

在正面中间区域压一个倒立的"T"字痕，分出两颊和头部、身体区域，再由内向外轻抹压痕。

步骤3 塑造肥啾头部特征

分左右两侧压出眼睛区域，同样由内至外轻抹压痕。

步骤4 塑造肥啾身体特征

把腹部分成左右两块，再进行适当的细化。

步骤5 添加肥啾的尾巴

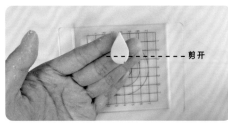

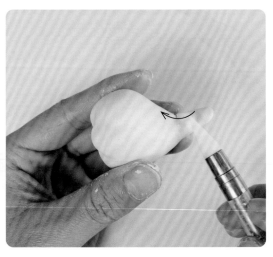

搓一个水滴状黏土块，并将其微微压扁，把圆头端剪掉后将其与肥啾尾部粘贴在一起，用硅胶笔抹平接缝。

制作眼睛。先用丸棒压出凹槽，再填入小黏土球。

制作翅膀。翅膀的制作方法与尾巴相似，只需省去剪掉圆头端这一步骤。

步骤7　添加嘴巴

搓一个小水滴状黏土块，将其贴到两眼之间，接缝处用硅胶笔抹平。

步骤8　晾干后打磨

晾干黏土后，用湿纸巾打磨肥啾整体，嘴巴处则用砂纸磨尖。

先将肥啾整体涂白，待白色颜料干燥后，用黑色颜料画出眼睛、嘴巴、翅膀、尾巴。注意，尾巴边缘要留白。

提示

在肥啾颈部，用较干的画笔顺着羽毛生长方向绘制出细线，表现出羽毛的毛绒质感。

用笔触表现羽毛质感

画出羽毛。将黑色颜料涂在肥啾背部，再用赭石色颜料在翅膀边缘处勾粗线，用白色颜料画出翅尖的飞羽，最后用白色和黑色颜料勾线，勾出羽毛。

用棉签蘸红色色粉，在脸颊上以打圈的方式画出腮红。

步骤10　涂防水光油及安装弹簧

待颜料完全干透后再涂防水光油，防水光油干透后，用钻笔在肥啾身体底部打孔，安装上弹簧。

高颜值的收纳好物

石塑黏土不仅可以用来制作摆件，还可以用来制作精美的收纳盒、置物架等，下面介绍制作方法。

❀ 蜜桃收纳盒

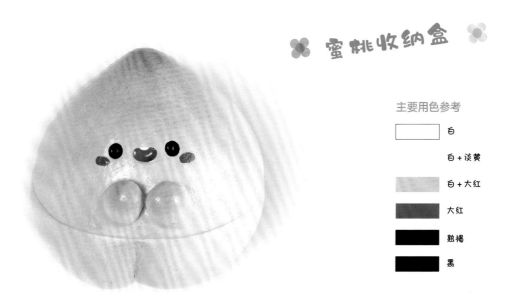

主要用色参考

	白
	白 + 淡黄
	白 + 大红
	大红
	熟褐
	黑

步骤1　制作蜜桃外形

泡沫球

把黏土球压扁，包上泡沫球，将其揉搓成球状，再捏出尖角。

提示

1.在用黏土包裹泡沫球时，一定要包裹严实，以免其内部存在空气，导致黏土在干燥时开裂。

2.如果黏土表面无法揉搓光滑，可以在其表面涂抹清水，然后用手指慢慢抹平。

塑造蒂口。用丸棒压出果蒂处 制作蜜桃的凹痕。先用棒针压出痕迹，再用斜头硅胶笔加深痕迹。
的凹口，使蜜桃可平稳立放。

步骤3 添加表情和双手

用压痕笔压出眼睛和嘴巴，添加两个黏土球作为蜜桃的双手。注意，双手可以小一些，且双手位置应偏
上，避开中缝线，以免后期切割时破坏造型。

步骤4 改造蜜桃

切开蜜桃。待黏土晾干后，在蜜桃上画线，把蜜桃沿线条切开，再用砂纸把切口打磨光滑。

安装磁铁。为上下两半
蜜桃各安装两个磁铁，
先在安装磁铁的位置打
孔，再填入磁铁。填入
磁铁后，在磁铁上覆盖
黏土并抹平。

提示

磁铁位置需上下对齐，以确保两半蜜桃能准确无误地合上。

在打孔之前，可先用颜料在一半蜜桃上做标记，再合上蜜桃进行拓印，以确保磁铁位置相同。

步骤5 制作桃核

将一块黏土搓成水滴状，用锡纸在其表面压出桃核的肌理，把桃核贴到蜜桃内部。

步骤6 上色

均匀地铺底色。蜜桃底色为浅浅的黄色，此处不
可用白色铺底色。

叠加粉色。粉色不需太深，铺色也不用太厚，均
匀地浅涂粉色即可。

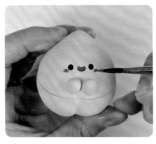  

画出眼睛、嘴巴、牙齿和　　　颜料干透后，在蜜桃尖、臀部、双手处涂上红色色粉。
腮红。

为桃核上色。用熟褐色颜料在桃核表面均匀地　　为蜜桃内部上色。在浅黄色颜料中加入少量粉色
涂抹。　　　　　　　　　　　　　　　　　　颜料，将混合后的颜料均匀叠加在蜜桃内部。

步骤7 涂防水光油

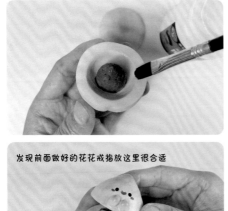 

发现前面做好的花花戒指放这里很合适

待颜料完全干透后涂上防水光油。

❀ 香蕉笔筒 ❀

主要用色参考

	白
	柠檬黄
	柠檬黄 + 白
	淡绿 + 柠檬黄
	大红
	熟褐
	黑

步骤1 制作圆筒

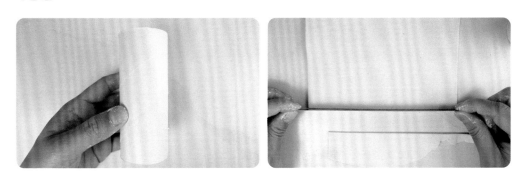

准备材料。找一个厚实的卷纸纸筒，再以纸筒的高度为基础制作黏土片，黏土片需比纸筒稍长一些。注意，黏土片不需太厚。

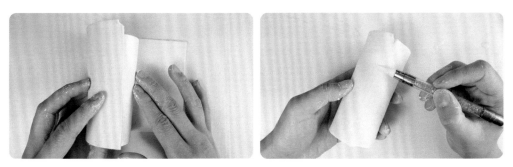

包裹纸筒。用黏土片对齐纸筒的底部进行包裹，接缝处用硅胶笔抹平。

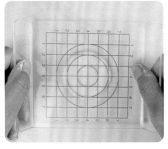  

制作笔筒底座。用压板制作一个厚实的圆形黏土片，将其与圆筒粘贴在一起，再剪去多余的黏土。

处理接缝。用硅胶笔向上抹底座上多余的黏土，然后抹平接缝。将顶部多余的黏土剪去，再将黏土向内抹，使其包住纸筒。

制作表情。用压痕笔压出微笑的表情，表情位置偏上。

 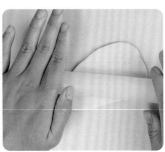 

制作3片香蕉皮。把黏土搓成长水滴状，再擀开黏土，取出长刀片，将长刀片微微弯曲切出香蕉皮形状的黏土片。

粘贴香蕉皮。在圆筒上涂抹清水，贴上香蕉皮，将香蕉皮下端的黏土向底座方向抹平，让香蕉皮包住圆筒。

调整香蕉皮的造型。用相同的方法粘贴剩余的两片香蕉皮，再将香蕉皮微微向外翻转。

步骤4 晾干后打磨

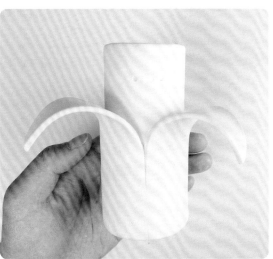

晾干黏土后，用砂纸将香蕉皮的边缘打磨光滑，再用湿纸巾整体打磨一遍。

先为香蕉皮的外表面均匀地铺上柠檬黄色，再在边缘和底部等位置叠加黄绿色；香蕉皮内侧和圆筒（果肉）为淡黄色。

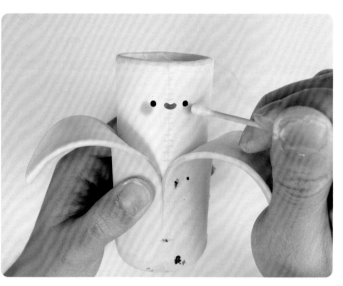

用柠檬黄色颜料在香蕉皮内侧画细线，对齐香蕉皮的裂口在果肉上画出线条纹理，然后在果肉顶部画出不均匀的色块，用熟褐色或黑色颜料在香蕉皮上点出小色块；再为眼睛和嘴巴填色，最后画出牙齿和腮红。

步骤6 涂防水光油

待颜料完全干透之后涂上防水光油。

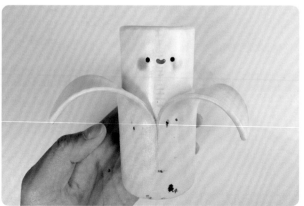

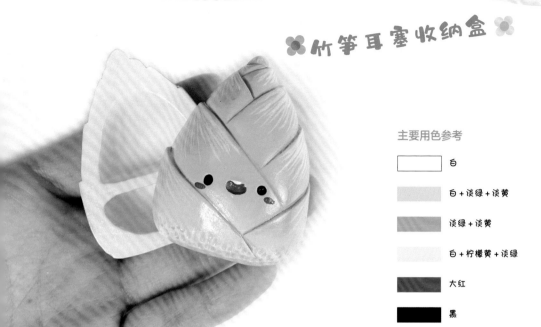

竹笋耳塞收纳盒

主要用色参考

	白
	白 + 淡绿 + 淡黄
	淡绿 + 淡黄
	白 + 柠檬黄 + 淡绿
	大红
	黑

步骤1 捏制竹笋基础形

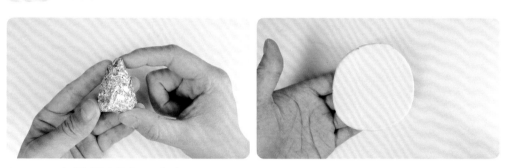

准备材料。把锡纸捏成锥状，再制作一个圆形黏土片。

提示

在竹笋下方加黏土之前，需抹平黏土。加入黏土时，把新加的黏土搓成条状，横向贴一圈。

包裹锡纸。用黏土片包住锡纸块，用水抹平黏土表面。竹笋下方要圆润些才可爱，可在下方加入一块黏土。

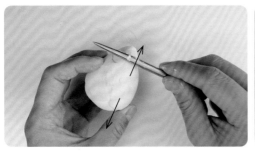 

抹平接缝，调整竹笋造型。在黏土接缝处涂抹清水，把上层黏土向下层擀开，再细心地将其抹平。

步骤2 塑造竹笋特征

 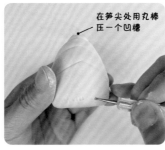

在笋尖处用丸棒
压一个凹槽

制作出笋叶、根部和表情等细节。用长刀片压出笋叶的痕迹，笋叶按照左右顺序依次分布；在根部用压痕笔由上往下压出一些小凹槽，最后压出表情。注意，表情一定要在一片笋叶上展现。

在笋叶尖端加一块压
扁的水滴状黏土

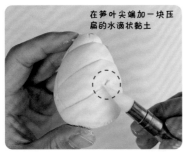

在笋尖处加一块水滴
状黏土

塑造笋叶尖端和笋尖。在笋叶尖端加一块压扁的水滴状黏土，再抹平接缝，笋叶尖一定要向外翻；在笋尖的凹槽处加一块水滴状黏土。

锯开竹笋。在竹笋外部硬化后，在竹笋表情的左右两侧画线，再沿着线条用手锯锯开竹笋，拿出锡纸块。

步骤4 抹平内部黏土，并加入磁铁

抹平内部黏土。先用刻刀去掉内部多余的黏土，再涂抹一些清水，加入适量黏土，抹平竹笋内部。

加入磁铁。在竹笋的3个尖角处加入磁铁，然后用黏土将其盖住，抹平黏土。

步骤5 添加笋节

依据竹笋的大小，制作一个大小合适的黏土片，用硅胶笔辅助，将其贴在竹笋内部。

晾干黏土后，用砂纸打磨切割面以及笋叶边缘，其余区域用湿纸巾打磨。

步骤7 上色

分3次为竹笋铺底色。先在竹笋底部和根部涂一层浅黄绿色，再往上铺淡绿色；待根部颜料干透后，调一个更浅的嫩绿色叠加在根部，使竹笋根部看起来更鲜嫩。

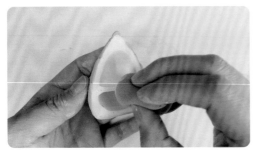 

为竹笋内部平涂嫩绿色。内部颜色较浅，与根部的嫩绿色相似。

笋叶的侧边用深一些的黄绿色上色，并画出阴影；再用白色颜料勾出笋叶上的纹理，为眼睛和嘴巴填色，最后画出牙齿和腮红。

步骤9 涂防水光油

待颜料完全干透后，为竹笋涂上防水光油。

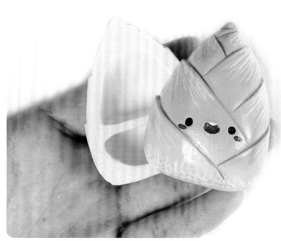

❀ 吐司收纳盒 ❀

主要用色参考

⬜	白
⬜	白+淡黄
🟫	柠檬黄+红+赭石
⬛	大红+群青+黑色
🟩	中绿+淡黄+赭石
⬛	黑

步骤1 制作面包片

制作黏土片。黏土片的厚度大约为0.5cm，厚薄需均匀，再依据图纸数据裁剪黏土片。

提示

黏土片厚度为0.5cm，制作3个5cm×5cm的正方形，2个4cm×5cm的长方形。

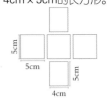

制作纹理。在2个长方形黏土片上，用羊角刷制作细纹理；在3个正方形黏土片上，用锡纸制作粗纹理。

提示

只需在方形黏土片的一个面上制作纹理。长方形的黏土片将作为吐司的切片面，正方形的黏土片将作为吐司的外皮面。

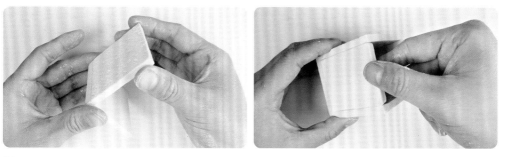

拼接黏土片。先把3个粗纹理的黏土片拼好，再嵌入2个细纹理的黏土片，注意边缘处要齐平。

抹平接缝。在接缝处涂抹清水，加上适量的黏土，用硅胶笔抹平黏土；用相同的方法处理内部接缝，再用丸棒处理转折处的细节。

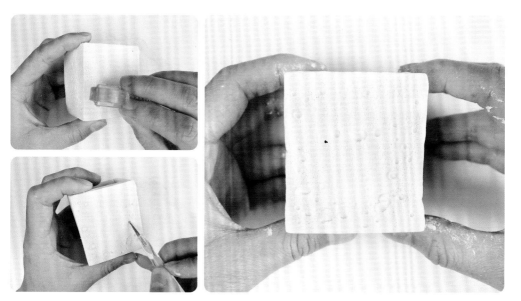

补全纹理。注意区分粗纹理和细纹理，用对应的工具补上纹理，用丸棒在细纹理面上压出类似气泡的纹理。

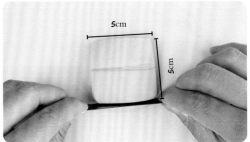

塑造基础形。把黏土搓成球，再将其微微压扁，注意，中间区域要凸起；压出中间的裂口，再按照5cm×5cm的方盒大小切割黏土。

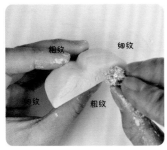

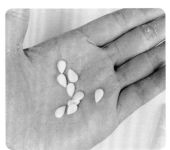

在侧面制作纹理。注意，盖子侧面的纹理需与对应的黏土片相同，用对应的工具制作出纹理。

提示

捏一些南瓜籽形状的黏土，可将它们贴到吐司顶部，也可以省略此步。

步骤4 晾干后打磨

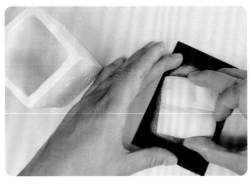

用砂纸磨平盖子底部，再用砂纸磨平盒子顶部，使它们的接触面光滑、平整。

4个角上多余的黏土也需切割

用盒子在黏土片上拓印，确定内塞的外形，沿着拓印的痕迹切割黏土片，在盖子底部涂上清水，将其与内塞粘贴在一起。

步骤6　晾干后再次打磨

用湿纸巾将收纳盒整体打磨一次。

步骤7　上底色

用偏暖的浅黄色颜料均匀上色，例如用白色+淡黄，切勿使用柠檬黄，因为柠檬黄是偏冷的黄色，用来表现食物不太合适。

用橄榄绿色平涂南瓜籽。

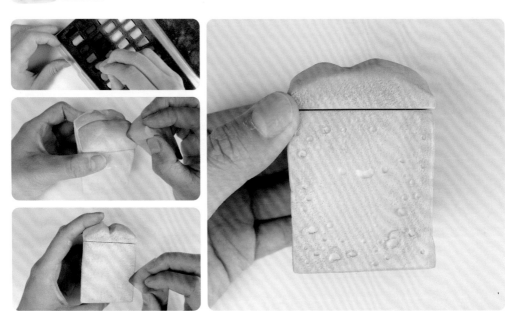

制作吐司表面的焦黄质感时需要用到色粉，建议选择偏橘红色，且饱和度较低的颜色。注意，一定要等丙烯颜料晾干后才能上色，且细纹面的颜色浅，着重加深转折处的颜色。

步骤9 细化表情，粘贴南瓜籽

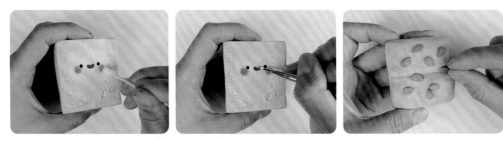

给眼睛、嘴巴上色，再用色粉画出腮红；等嘴巴处的颜料晾干后，画出牙齿。用珠宝镶钻胶粘贴南瓜籽。

步骤10 涂防水光油

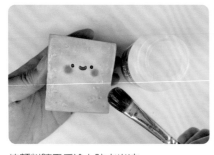
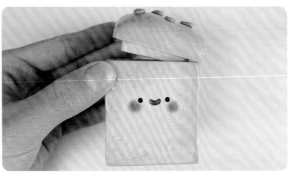

待颜料晾干后涂上防水光油。

主要用色参考

⬜	白
⬛	淡绿+淡黄
⬛	玫瑰红
⬛	大红
⬛	黑

步骤1 捏制火龙果基础形

擀制黏土片，用黏土片包裹泡沫球。注意，黏土片不可太薄。

提示

泡沫球需用小刀削成椭球状。

在黏土球的一侧加一块水滴状黏土，用丸棒压出凹槽，抹平接缝，在底部也压出一个凹槽，最后用压痕笔压出表情。

步骤3 锯开火龙果并打磨切口

晾干黏土后对半锯开火龙果，取出泡沫球，用砂纸将其内部打磨光滑。

步骤4 添加磁铁

需磨平

添加磁铁前，可在火龙果内部加一层黏土，将内部黏土抹平后再加入磁铁。等黏土晾干后，用砂纸磨平接触面。

步骤5 添加鳞片

把黏土搓成水滴状后压扁，在火龙果外皮上涂抹清水，粘贴上水滴状的黏土片，再用硅胶笔抹平接缝，具体位置如上图所示。

侧面效果

顶面效果

提示

1.越往上鳞片越大，顶部的鳞片比较细长。

2.在贴顶部的鳞片时，先贴外侧的鳞片，再在中间添加鳞片。

步骤6 晾干后打磨鳞片

用砂纸打磨火龙果外皮，着重打磨鳞片的接缝处。

先使用玫瑰红色颜料平涂果皮及鳞片，再使用白色颜料平涂内部果肉，最后在鳞片尖端叠加黄绿色颜料。在鳞片尖端叠加颜色时，建议使用美妆蛋上色，这样能够产生自然的渐变效果。

细化表情和种子。嘴巴和腮红都选用大红色颜料上色，从而与果皮颜色区分开。用白色颜料画出牙齿，再在腮红上点两个白色小点。果肉上的种子，用小号的压痕笔蘸黑色颜料，通过点涂的方式绘制。注意，点有大小之分，且不能太密。

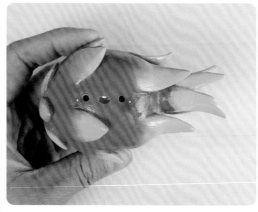

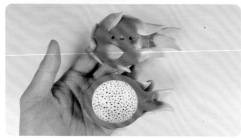

待颜料晾干后涂上防水光油。

主要用色参考

白

淡黄

肉色或（白＋大
红＋中黄）

步骤1 组合出小手

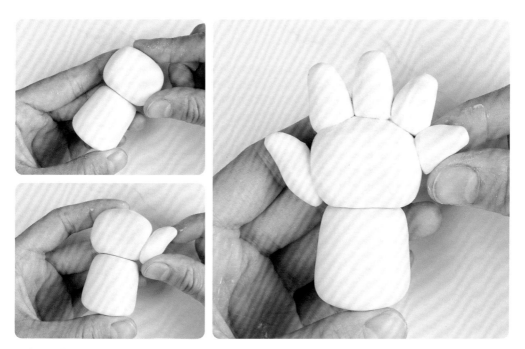

用几何体拼出小手。先将小手拆分成手臂、手掌、手指3个部分，手臂为圆柱体，手掌接近正方体，手指为圆锥体，将它们组合在一起，然后将它们调整自然。

步骤2 塑造小手

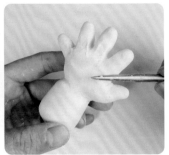

在掌心下方添加两块黏土，用棒针将其抹入掌心下方并抹平接缝。

步骤3 制作纹理

在掌心上方同样抹入一块黏土，并用硅胶笔划出掌纹。

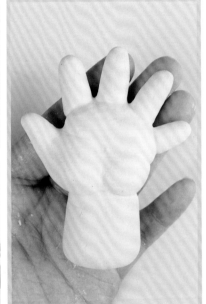

步骤4 压出手背上的手指窝

用棒针的圆头端在手背上压出手指窝。

步骤5 制作云彩

搓一些大小不同的黏土球，将它们组合成一个圆环，擀一片非常薄的黏土片备用。

110

把黏土片盖在由小球组成的圆环上，包裹并抹平底部接缝，再用硅胶笔加深内部小球的痕迹。

步骤6 为云彩添加底盘

添加底盘。作为底盘的黏土片需要厚一些，把制作好的云彩放在黏土片上，将它们组合在一起。

提示

在添加底盘时，需要等待上部分的云彩稍微晾干（具有一定的硬度即可），否则在移动云彩进行粘贴时，云彩会变形。

抹平接缝。顺着小球的痕迹，由内向外抹平接缝，再用湿纸巾打磨接缝处的黏土，使其更光滑。

步骤7 组合小手与云彩盘

提示
星星的制作方法是先搓圆球再将其压扁，用手指捏出4个尖角即可。

在盘底上合适的位置涂抹清水，再把小手放上去进行固定。

步骤8 晾干后打磨

晾干黏土后，先用砂纸将黏土整体打磨一遍，再用湿纸巾整体打磨一遍。

步骤9 用丙烯颜料上底色

云彩的底色是白色，小手的底色是肉色，等云彩上的颜料晾干后，用淡黄色颜料在云彩上画一些星星。

提示
肉色使用率较低，如并未购买肉色丙烯颜料，可用大量的白色颜料+少量的中黄色颜料和大红色颜料调和。注意，大红色颜料的占比高于中黄色颜料。

等丙烯颜料干透后，用橘红色色粉晕染出小手上的细节，主要晕染区域有指尖、掌纹、手指窝、手指缝等。

步骤11 为星星上色   步骤12 涂防水光油

也可改用亚光漆

为星星平涂淡黄色或中黄色   涂防水光油时，用丙烯颜料上色的区域可直接涂防水光油；而叠加
颜料。   了色粉的区域，可用点涂的方式涂防水光油，以免蹭掉色粉。

步骤13 粘贴星星

用珠宝镶钻胶粘贴星星。

第5章

石塑黏土手作的
艺术创想

Chapter Five

"猫饼"镜

主要用色参考

⬜	白
⬜	柠檬黄 + 大红
◼	大红
⬛	黑

步骤1 造型——制作镜底

擀制黏土片。用擀泥杖将黏土擀成厚度为1cm左右的黏土片。

放置镜子。把镜子放在黏土片中间，保证镜子边缘留有1cm以上的黏土。

切出镜底。选一个比镜子稍大的切圆工具，对齐镜子中心切出镜底。

固定镜子。将镜子轻轻嵌入黏土中，再用手指将黏土推向镜面，使黏土包裹住镜子。

旋转轴孔

磁吸口

提示

镜子的旋转轴孔与磁吸口相对。注意，要在嵌入磁铁时标记旋转轴孔的位置。

嵌入磁铁。把一颗小磁铁嵌入黏土。

取一小块黏土覆盖磁铁，再抹上清水，用硅胶笔将黏土抹平。

加水抹平

确定旋转轴孔的位置。用铜丝在要添加旋转轴的位置打孔。

制作旋转轴。用尖嘴钳将铜丝拧成一个螺旋圈。

放置旋转轴。将旋转轴穿过孔洞，螺旋圈一侧位于底部。注意，放置好旋转轴后，需用黏土覆盖螺旋圈，并用硅胶笔抹平黏土。

步骤2 造型——制作镜盖

切圆形黏土片。用与镜底同等大小的切圆工具切一个黏土片，将其作为镜盖。注意，作为镜盖的黏土片要稍厚一些。

添加黏土。在黏土片上添加一块黏土。

用丸棒由内向外擀开黏土，使其形成一个光滑的弧面。

提示

镜盖比镜底稍厚，顶面为平滑的弧面，底面平整。

确定猫咪头部的位置。用棒针在镜盖侧面压出两道痕迹。

添加黏土。在猫咪头部位置添加一小块条状黏土。

刻画猫咪头部造型。用棒针在条状黏土中间轻轻压出一个凹槽，再将黏土的接缝处抹平。

提示

猫咪脸颊圆润、突出，可用手指轻轻调整猫咪脸颊的圆润度。

用硅胶笔划出猫咪头部轮廓。划出轮廓后，可将黏土向外擀，使猫咪头部更突出。

用压痕笔压出猫咪眼睛。注意，眼睛在靠上居中的位置。

在猫咪尾巴处压出凹槽。凹槽位置与猫咪头部对齐。

添加磁铁并制作旋转轴孔。在猫咪头部下方添加磁铁，在猫咪尾巴处穿孔。

步骤4 造型——制作猫咪尾巴

搓一块水滴状黏土，将其微微弯曲，并在其尖端钻孔。

步骤5 晾干后打磨

待黏土干燥后，用砂纸打磨黏土，使其表面平滑，再用湿纸巾打磨一遍。

步骤6 上色——绘制猫咪毛色

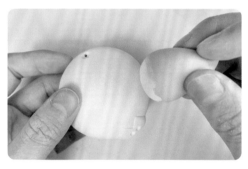

上底色。用美妆蛋蘸白色颜料，在镜盖表面均匀地涂色。

画花纹。待白色颜料干透后，用美妆蛋蘸橘黄色颜料画出猫咪的条纹等。

画出尾巴的毛色。同样先上一层白色颜料，待颜料干透后再画条纹。

为镜底上色。先平涂白色颜料，颜料晾干后再平涂橘黄色颜料。

画出猫咪眼睛。用丸棒蘸黑色颜料，点在眼睛的圆形凹槽处，并在边缘画一圈淡黄色。

画猫咪的腮红。用棉签蘸取大红色颜料，点在猫咪脸颊处。

画胡须、嘴巴和耳朵。用勾线笔蘸黑色颜料，在脸颊处画几根细线作为胡须，再画出嘴巴。用勾线笔蘸白色颜料画出耳朵。

涂防水光油。待颜料干透后，在黏土表面涂一层防水光油。

将"猫饼"镜组装好，在铜丝上涂上珠宝镶钻胶，再固定好尾巴。

郁金香小夜灯

主要用色参考

	白 + 大红		大红 + 群青 + 黑
	白 + 中黄		白 + 柠檬黄
	淡绿		黑
	白		
	白 + 大红		
	白 + 柠檬黄		
	淡绿 + 淡黄		

步骤1 造型——制作郁金香鳞茎

用丸棒捶打锡纸，将锡纸捏成立方块状，再搓一个黏土球。

提示

黏土与锡纸块底部齐平即可，不需要将锡纸块完全包裹住，方便后期取出锡纸块。

塑造球根的基础形。把锡纸块压入黏土球中，再慢慢调整黏土的形态。

压出球根上的肌理和表情。在球根底部用硅胶笔压出多道痕迹，用压痕笔在球根中间压出表情。

压出鳞茎顶部的发芽口。用丸棒在鳞茎顶部压出凹槽，保留边缘破损状，塑造类似洋葱皮的形态，用硅胶笔划出褶皱，用棒针戳出走线口。

步骤2 造型——制作郁金香花朵

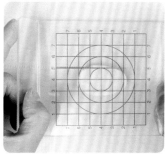

制作花瓣。把黏土搓成条，黏土条的一端略粗，用压板把黏土条压扁，再用硅胶笔在粗的那一端压出缺口。

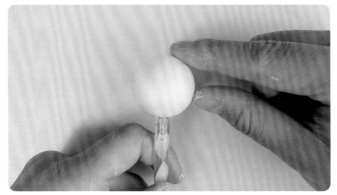

用压痕笔固定泡沫球，对准泡沫球中心放置花瓣，用泡沫球的弧度为花瓣塑形。

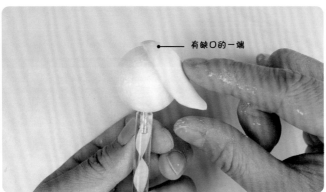

有缺口的一端

第一层

第二层

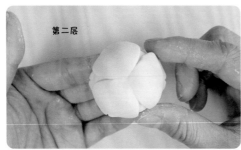

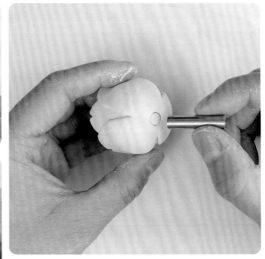

用小号切圆工具，在花朵与花茎的衔接处切出圆洞。

提示

郁金香的花瓣分内外两层，先贴内层的3片花瓣，再错开内层花瓣，贴外层的3片花瓣。

等黏土表面晾干后，取出锡纸块和泡沫球，再分别在鳞茎与花朵内部添加适量黏土，抹平黏土。

步骤4　制作花茎

提示

等鳞茎内部的黏土晾干后再放入串灯。

用铁丝固定串灯。将铁丝一端微微弯曲，用来卡住鳞茎顶部的圆洞，避免铁丝向下滑落。

把串灯缠绕在铁丝上，这段串灯需去掉小灯泡。

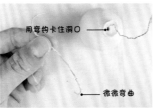

用弯钩卡住洞口 →

微微弯曲 →

用铁丝辅助制作花茎，先调整铁丝造型，再用黏土包住铁丝。

步骤5 制作叶片

把黏土搓成水滴状，将其压扁作为叶片，再把叶片粘贴在花茎上。

步骤6 组合花茎与花朵

组合花朵与花茎。将花茎中的串灯穿过花朵底部的圆洞，把串灯团成球状，避免滑落。

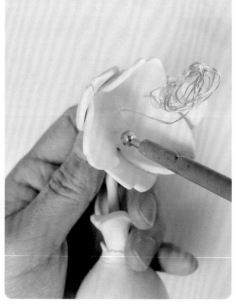

固定花茎与花朵。在花朵底部加一圈黏土，用硅胶笔将其抹平；在花朵内部也加入适量黏土，同样将其抹平。

步骤7 晾干后打磨

待黏土晾干后，先用砂纸打磨花茎，再用湿纸巾对整体进行打磨。

提示

在上色之前，先用纸胶带把串灯包裹起来，以免后期上色时粘上颜料。

步骤8 上底色

为球根平涂底色。为球根铺底色时建议选用美妆蛋，底色是饱和度低的浅黄色，用白色加中黄色调出。

提示

叶片的底色为淡绿色，花茎下半段为淡绿色，上半段为黄绿色。

为叶片、花茎、花瓣上底色，这些区域转折多、面积小，上色时应选用排笔。注意，花茎上的颜料干透后再为花瓣上色，避免弄脏花瓣底色。

绘制花瓣上的肌理。在花朵底色中加入大量白色，调一个浅粉色，用勾线笔蘸取该颜料顺着花瓣的弧度勾线，绘制出花瓣上的肌理。

绘制花茎上的肌理。在黄绿色中加入少量淡黄色，顺着花茎的弧度，在两色过渡处画线。

步骤10 绘制鳞茎上的肌理，并细化表情

绘制鳞茎上的肌理，在大量的白色颜料中加入柠檬黄色颜料，不需要调匀，用勾线笔蘸取较厚的颜料横向点涂在鳞茎上。注意，上色时可以不间断地加入浅粉色，以增加颜色的层次。

细化表情。用压痕笔为眼睛和嘴巴填充颜色，画出腮红，再用勾线笔在腮红上点出白色小点，最后画出牙齿。

步骤11 涂防水光油

 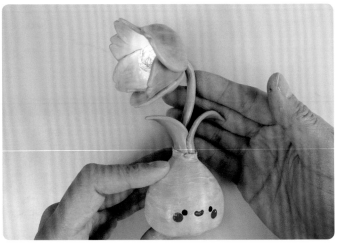

待颜料干透后涂上防水光油，防水光油干透后撕掉纸胶带，此时就可以打开小夜灯了。

仓鼠版"打地鼠"玩具

主要用色参考

仓鼠用色

白 + 淡黄

	+ 大红	淡黄
	+ 大红 + 柠檬黄	大红
	+ 黑	大红 + 群青 + 黑
	+ 黑 + 大红	白

底色   花纹   黑

步骤1 造型——制作仓鼠的基础形

捏出基础形。先搓一个黏土
球，再将其搓成椭球状，压扁
其底部，最后抹平黏土表面。

吻部

用棒针进行分区处理，整体分3步完成。第一步，横向压出一道痕迹，分出头部与身体部分；第二步，用棒针的圆头端压出眼窝；第三步，用棒针的尖头端竖向压出吻部，同时分出两颊。

塑造仓鼠头部的基础形。顺着仓鼠头部各分区，用手指由内向外抹平黏土。注意，下巴处的黏土由下至上抹平，将下巴和脸颊向上移。

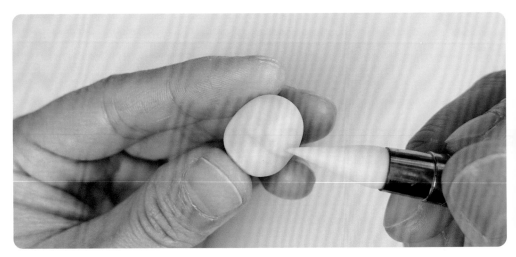

塑造吻部和脸颊。用硅胶笔轻压吻部两侧，把脸颊调圆润。

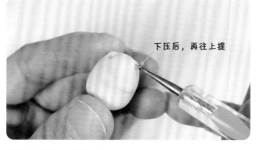 

下压后，再往上提

用压痕笔压出耳朵和眼睛。注意，压耳朵时先下压，再往上提，制作出耳朵的轮廓。

制作嘴巴，先用刻刀划出上唇，再用压痕笔压出下唇。

提示

用相同的方法制作出剩余4只仓鼠，仓鼠的大小要保持一致，取土时注意黏土的用量。最后埋入磁铁时，也需保持5只仓鼠内的磁铁正负极方向相同。

在仓鼠底部埋入磁铁。

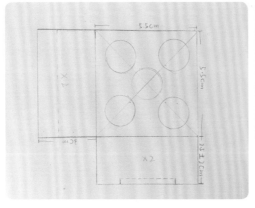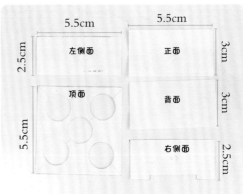

绘制图纸。依据方盒结构绘制图纸，顶面的圆要比仓鼠身体大一些。

擀制黏土片。黏土片的厚度大约为0.5cm，再用丸棒在其表面压出大小不一的凹槽。

切割黏土片。将图纸放在黏土片上，用长刀片和切圆工具切出黏土片。

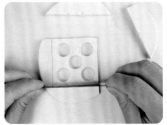

提示

1.在正面黏土片上添加表情。

2.在擀制和切割黏土片时要反复拿起黏土片，转动其方向，防止黏土与桌面粘连。

3.在晾干黏土片时，可用压板或者笔记本压住黏土片，避免黏土片卷边。

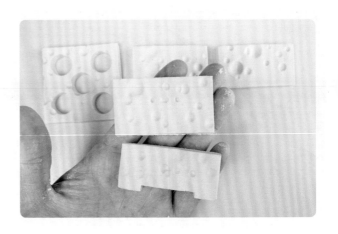

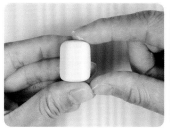  

将黏土搓成一个较大的圆柱体，用丸棒在其表面压出圆形凹槽。搓一根黏土条，将其与圆柱体组合在一起。

步骤5 造型——制作机关配件

机关配件分别为摇柄和卡扣，制作完成后立马在其中插入铁丝。

步骤6 晾干后打磨

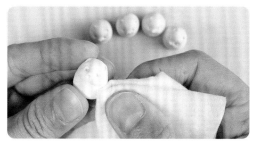 

用湿纸巾打磨仓鼠，用砂纸打磨黏土片侧边。

提示

先将右侧黏土片放在一边。

组装方盒时，正面和背面黏土片与顶面黏土片齐平，左侧黏土片则内嵌于其中。

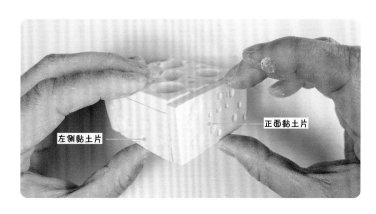

左侧黏土片

正面黏土片

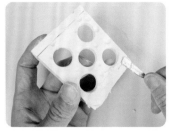

把黏土片对齐后组合在一起，在接缝处加入一块黏土，再用刮刀或硅胶笔将其抹平。

步骤8 晾干后打磨

先用砂纸打磨接缝处，使其更光滑，再用湿纸巾抹平砂纸留下的痕迹。

步骤9 组合活动板

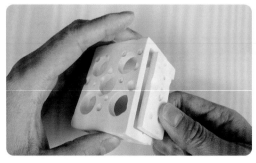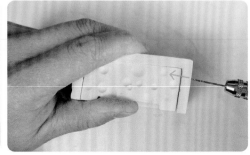

嵌入活动板（右侧黏土片），用手捻钻在其侧面的黏土片上打孔，以便后期用卡扣固定活动板。

平铺底色。底色为浅浅的黄色，并非白色。

叠加花纹颜色。先把花纹颜色叠加在仓鼠额头和背部等处，再用底色提亮鼻子和脸颊等区域。5只仓鼠的花纹颜色各不相同，但上色方法是一样的，读者可自由发挥。

步骤11 刻画仓鼠形象

用丙烯颜料画出仓鼠的眼睛、耳朵、鼻子等。

选用同色系的色粉细化花纹，用红色色粉画出腮红。

用白色颜料点出脸颊上的高光。

上色——为方盒、锤子、机关配件上色

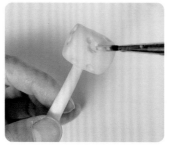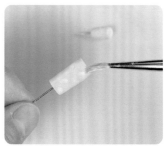

用美妆蛋蘸淡黄色颜料平铺底色，圆形凹槽用画笔上色。

步骤13 上色——为方盒上的仓鼠的表情上色

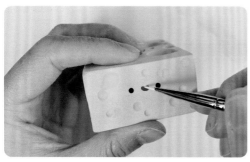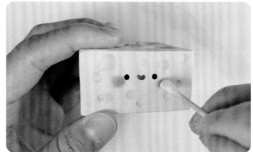

用压痕笔为眼睛和嘴巴填色，用勾线笔蘸白色颜料画出牙齿，用棉签蘸红色色粉画出腮红。

步骤14 涂防水光油

晾干颜料后，为方盒和所有仓鼠涂上防水光油。

步骤15 制作机关——方盒内的纸托

先在卡纸上画出图纸，并将其涂成淡黄色，再将图纸裁剪下来，按内部线条折叠图纸。

步骤16 制作机关——仓鼠纸托

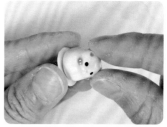

仓鼠纸托是圆形的，圆形纸托要稍微比顶面黏土片上的圆大一些，同样将其涂成淡黄色。颜料晾干后用珠宝镶钻胶把仓鼠粘贴在纸托上。

提示

纸托的作用是防止仓鼠在弹跳时翻转，该步骤不可省略。

步骤17 制作机关——磁石摇柄

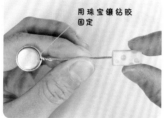

依据磁铁的大小，把铁丝前端扭成圆环，用珠宝镶钻胶把磁铁固定在圆环内。制作磁石摇柄时，可以增加磁铁的数量，以保证其有较强的磁性，只有磁性强的摇柄才能更好地弹起仓鼠。

步骤18 组合打地鼠机

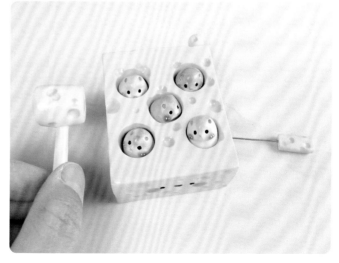

放入仓鼠和纸托，组合好右侧黏土片，打仓鼠玩具就制作完成了。

移动摇柄，利用磁铁同极相斥的原理，使仓鼠向上冒头；又因有圆形纸托卡在洞口，所以仓鼠不会跳出圆洞。

❀ 狗狗礼物盒 ❀

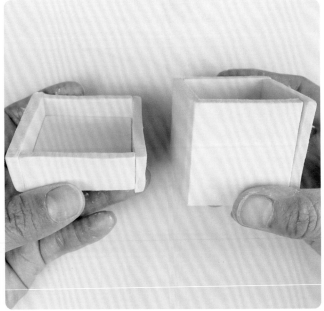

主要用色参考

⬜	白
⬜	白色 + 淡黄
🟨	白色 + 大红
⬛	黑

步骤1 制作盒子

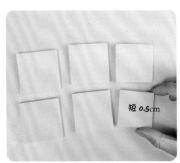

短 0.5cm

裁出正方形黏土片，黏土片的厚度为0.5cm，盒子底部的黏土片比其他黏土片的边短0.5cm。按照盒子的结构组合黏土片，以同样的方法制作盒盖。

步骤2 抹平接缝

在黏土接缝处加一块湿润的黏土，用硅胶笔抹平黏土，使黏土片粘贴得更牢固。

步骤3 捏出小狗头部的基础形

搓一个黏土球，用棒针压出小狗的眼窝和吻部，以小狗吻部为原点，用手指向外抹平压痕。

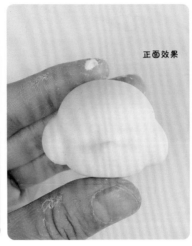
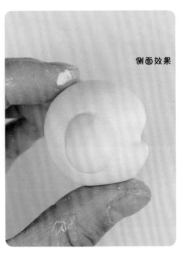

正面效果

侧面效果

在小狗头部左右两侧各添加一块球状黏土，再调整它们的形状，最后用硅胶笔抹平接痕。

步骤5 添加眼睛

用丸棒在眼睛位置压出凹槽，参考凹槽的大小搓两个黏土球，再将它们填入凹槽。

步骤6 制作小狗毛发

用清水浸泡黏土，将黏土搅拌均匀，黏土变成了具有颗粒感的糊状物，用排笔把黏土糊涂抹在小狗头部，制作出小狗的毛发。

搓一个黏土球，将其贴在吻部顶端，用硅胶笔抹平接痕。

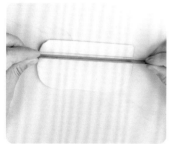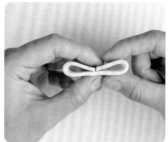

制作蝴蝶结的基础形。把黏土擀成薄片，用长刀片将其裁成长条，将长条黏土两侧向内弯曲后对半切开。

塑造蝴蝶结的褶皱。捏紧内侧切口，捏出外侧的弧度，再把两个黏土块拼贴在一起，在它们中间缠一个黏土条。

步骤9 制作绸带

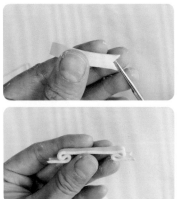 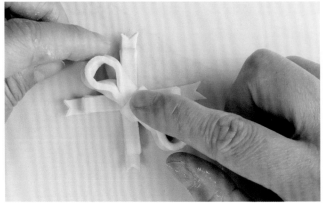

裁剪出长条状黏土，用剪刀修剪其两端，然后弯曲黏土条两端，用相同的方法再制作一条绸带，将两条绸带交叉组合并粘贴在一起，最后将它们与蝴蝶结粘贴在一起。

步骤10 晾干后打磨

打磨盒子。重点打磨黏土片拼接处以及盒子顶部。

打磨小狗。用砂纸磨平小狗底部，顶部也稍微磨平，方便后期与盒子粘贴。

步骤11 设置机关

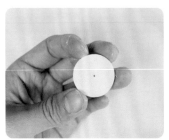  

制作一个圆形黏土片，在其中间钻孔，并在小狗底部和盒子底部中间钻孔。

步骤12 为盒子上色

为盒子上底色。在盒子外侧平涂白色颜料，内部则平涂粉色颜料。

用粉色颜料为盒盖、圆形黏土片上色。

绘制条纹。底色干透后，在盒子四周斜贴上纸胶带，再在其上平涂粉色颜料。颜料干透后撕掉纸胶带，粉白条纹就绘制完成了。

步骤13 为小狗上色

用白色颜料平涂小狗，待白色颜料干透后，用黑色颜料画出眼睛和鼻子；用棉签蘸红色色粉，在小狗的脸颊上涂出腮红。

步骤14 为蝴蝶结上色，并粘贴蝴蝶结

用浅黄色颜料为蝴蝶结上色，待颜料干透后，用珠宝镶钻胶把蝴蝶结粘贴在盒盖上。

步骤15 涂防水光油

待小狗和盒子上的颜料晾干后，为它们涂上防水光油。

步骤16 组装机关盒

在圆形黏土片上插上铁丝，并用珠宝镶钻胶将其固定在盒子底部，将铁丝穿过盒子底部的小孔，将小狗固定在铁丝上，在小狗头顶涂上珠宝镶钻胶，将盒盖粘贴在小狗顶部。